图 2－1 “秘归对外”

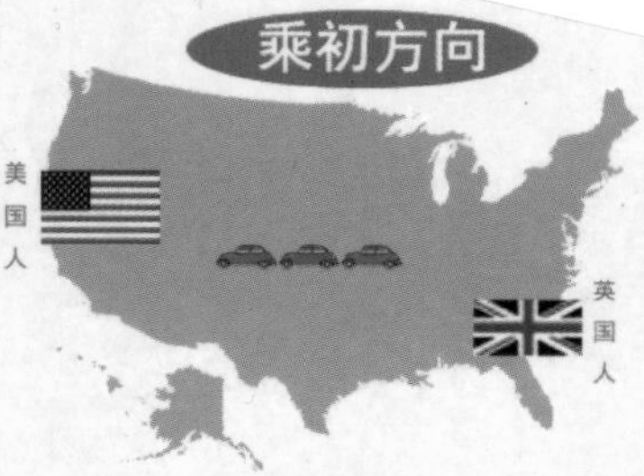

图 2－2 “乘初方向”

图 3－1 “一代将星”

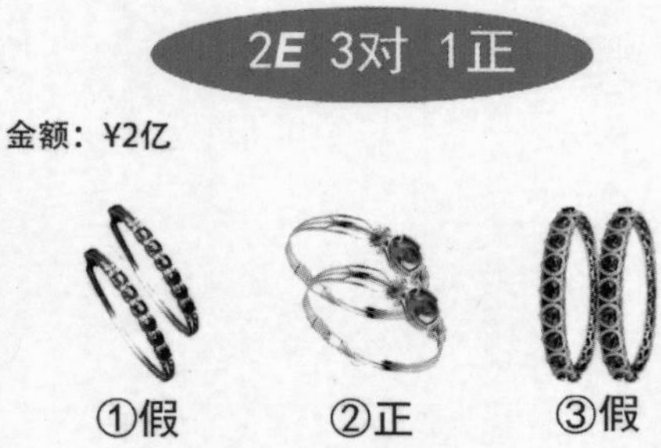

图 3－2 “2*E* 3对 1正”

图 4－1 “画 *k* 通”

图 4－2 “下一个上”

线性代数一点通

讲故事 学线代

闻　彬／编著

复旦大学出版社

图书在版编目(CIP)数据

线性代数一点通:讲故事,学线代/闻彬编著. —上海:复旦大学出版社,2020.8
ISBN 978-7-309-15255-5

Ⅰ.①线… Ⅱ.①闻… Ⅲ.①线性代数-高等学校-教学参考资料 Ⅳ.①O151.2

中国版本图书馆 CIP 数据核字(2020)第 149432 号

线性代数一点通:讲故事,学线代
闻 彬 编著
责任编辑/梁 玲

复旦大学出版社有限公司出版发行
上海市国权路 579 号 邮编:200433
网址:fupnet@fudanpress.com http://www.fudanpress.com
门市零售:86-21-65102580 团体订购:86-21-65104505
外埠邮购:86-21-65642846 出版部电话:86-21-65642845
上海丽佳制版印刷有限公司

开本 787×1092 1/16 印张 9.25 字数 225 千
2020 年 8 月第 1 版第 1 次印刷

ISBN 978-7-309-15255-5/O·694
定价:39.80 元

前言

书归正传，接演前文. 上次说到高等数学的来龙去脉，它与中小学数学有着千丝万缕的联系. 明白了这一点，学会高等数学也就易如反掌，如同探囊取物. 今天我们就来说一说线性代数. 很多同学认为，线性代数比高等数学更加抽象、更难理解. 这真是"六月飞雪，千古奇冤"哪！

如果说高等数学源于高中，那么，线性代数则源于小学；如果说高等数学是高中一年级函数的小小延伸，那么，线性代数则是小学六年级方程组的简单再现. 孰难孰易？一目了然.

命中注定，九九归一，"向前追溯法"依然适用，较之高等数学，线性代数应用此法显得更加游刃有余. 线性代数的核心内容是方程组，而方程组我们早在六年级就已经驾轻就熟，敢问两个方程组有何区别？答案是"毫无区别，一模一样".

我们最熟悉的方程组便是二元一次方程组和三元一次方程组，最难忘的便是代入消元法和加减消元法. 而线性代数中我们的重点就是三元一次方程组，在解题方法上是二法取其一，只采用加减消元法. 前后对应，彼此暗合. 这难道是因缘际会、机缘巧合吗？非也，实则是有其因，必有其果. 为追求更加简便的书写方式，将三元一次方程组去掉未知数 x，y，z，只留系数，求解方程组时，从头到尾省略未知数，只写系数，这种简便的写法就是线性代数，仅此而已. 换言之，线性代数中并没有多少新的知识，因为该学的在我们的少年时代就早已经学过了.

当然有同学会说，"向量"是整个线性代数中最难的一章，实在是晦涩难懂、让人望而却步. 其实真相恰恰相反："向量"是整个线性代数中最简单的一章. 人们之所以感觉"向量"的难度大，只是因为它的名字叫"向量". 但如果你不把"向量"当作"向量"，而是把"向量"当作一个 n 行 1 列的"矩阵"，难度转瞬间就消失了，因为"矩阵"的计算法完全适用于"向量"，而"矩阵"的计算大家再熟悉不过了.

关于"向量"的线性相关性的推理和判断，用作图法即可轻松破解，既容易理解，又方便高效. 在作图法面前，那些连篇累牍的定理就显得"多余".

特征值类问题，在课本中占有不小的篇幅，内容包括对角化、相似及二次型. 这些内容看似庞杂，但仔细分析就会发现，其题目类型有限，且解题步骤较为固定，这就好比手握一支狙击枪瞄准一个固定靶进行射击，只要勤加练习便不难掌握.

说到这里大家可能会觉得比较疑惑，既然线性代数缘起小学数学，那我们为什么会感觉线性代数的难度更大，甚至感觉"难以下咽"呢？不可否认，与中小学相比，线性代数需要记忆的公式更多，需要记忆的解题方法和解题步骤更多. 在"记忆"的要求上，我们如果把中小学比作狭窄的河流，那线性代数就是宽阔的大海. 怎么解决这个棘手的问题呢？最佳答案就是“图片记忆法”，或者叫做“故事记忆法”，通过编故事的方法进行记忆，以达到快速记忆、永不遗忘的目的. 我们为大家准备了 34 个生动有趣的小故事，囊括了线性代数中所有的重要公式、解题方法和解题步骤.

相信在大家掌握了“向前追溯法”和“故事记忆法”之后，线性代数的学习难度就会立刻降到中小学的水平，求学的道路也会转瞬间变得平坦起来.

闻彬

2020 年 8 月 6 日于上海

微博二维码

微信公众号二维码

官方交流 qq 群

视频　线性代数与中小学数学的关系

线性代数总框架

- （1）计算
  - 单矩阵计算
    - 方阵　① $|\boldsymbol{A}|$　② $\boldsymbol{A}^{-1}$　③ $\boldsymbol{A}^{*}$
    - 矩阵　④ $\boldsymbol{A}^{\mathrm{T}}$　⑤ $R(\boldsymbol{A})$
  - 双矩阵计算
    - ⑥ +
    - ×
      - ⑦ $\boldsymbol{AB}$
      - ⑧ $k\boldsymbol{A}$
      - ⑨ $\boldsymbol{A}^{k}$
- （2）应用
  - 方程组＝⑤⑦
  - 向量＝方程组＋①
  - 特征值类＝向量＋②④⑧

视频 0－1　线性代数总框架

图 0－1　“天方夜谭”

图 0－2　“长脸媒婆”

目　录

第1章 单矩阵计算

§1.1 三高的困惑(行列式)

知识梳理

1. 定义

$$\begin{vmatrix} a_{11} & a_{12} & \cdots & a_{1n} \\ a_{21} & a_{22} & \cdots & a_{2n} \\ & \cdots\cdots & & \\ a_{n1} & a_{n2} & \cdots & a_{nn} \end{vmatrix} = \sum_{p_1 p_2 \cdots p_n} (-1)^{t(p_1 p_2 \cdots p_n)} a_{1p_1} a_{2p_2} \cdots a_{np_n}.$$

2. 公式

(1) 三角形公式.

$$\begin{vmatrix} a_{11} & a_{12} & \cdots & a_{1n} \\ & a_{22} & \cdots & a_{2n} \\ & & \ddots & \vdots \\ & & & a_{nn} \end{vmatrix} = \begin{vmatrix} a_{11} & & & \\ a_{21} & a_{22} & & \\ \vdots & \vdots & \ddots & \\ a_{n1} & a_{n2} & & a_{nn} \end{vmatrix} = a_{11} a_{22} \cdots a_{nn}.$$

(2) 降阶公式.

$$\begin{vmatrix} a_{11} & a_{12} & \cdots & a_{1n} \\ a_{21} & a_{22} & \cdots & a_{2n} \\ & \cdots\cdots & & \\ a_{n1} & a_{n2} & \cdots & a_{nn} \end{vmatrix} = a_{i1} A_{i1} + a_{i2} A_{i2} + \cdots + a_{in} A_{in} \ (i=1, 2, \cdots, n).$$

小结 求行列式的公式有2个,分别为三角形公式和降阶公式,简称:“绝三降”.

视频1-1 “绝三降”

图1-1 “绝三降”

3. 解题方法

$\begin{cases}\text{定义法}\\ \text{公式法}\end{cases}$

4. 行列式的性质

性质 1 互换行列式的两行(列)，行列式变号.

性质 2 如果行列式中有两行(列)元素成比例，则此行列式等于零.

推论 如果行列式中有两行(列)完全相同，则此行列式等于零.

性质 3 把行列式的某一行(列)的各元素乘以同一数，然后加到另一行(列)对应的元素上，行列式不变.

性质 4 若行列式的某一行(列)的元素都是两数之和，则它等于下列两个行列式之和：

$$\begin{vmatrix} a_{11} & a_{12} & \cdots & a_{1n} \\ \vdots & \vdots & & \vdots \\ b_1+c_1 & b_2+c_2 & \cdots & b_n+c_n \\ \vdots & \vdots & & \vdots \\ a_{n1} & a_{n2} & \cdots & a_{nn} \end{vmatrix} = \begin{vmatrix} a_{11} & a_{12} & \cdots & a_{1n} \\ \vdots & \vdots & & \vdots \\ b_1 & b_2 & \cdots & b_n \\ \vdots & \vdots & & \vdots \\ a_{n1} & a_{n2} & \cdots & a_{nn} \end{vmatrix} + \begin{vmatrix} a_{11} & a_{12} & \cdots & a_{1n} \\ \vdots & \vdots & & \vdots \\ c_1 & c_2 & \cdots & c_n \\ \vdots & \vdots & & \vdots \\ a_{n1} & a_{n2} & \cdots & a_{nn} \end{vmatrix}.$$

性质 5 行列式的某一行(列)中所有的元素都乘以同一数 k，等于用数 k 乘此行列式.

推论 行列式中某一行(列)的所有元素的公因子可以提到行列式记号的外面.

$$D = \begin{vmatrix} a_{11} & a_{12} & \cdots & a_{1n} \\ a_{21} & a_{22} & \cdots & a_{2n} \\ \vdots & \vdots & & \vdots \\ a_{n1} & a_{n2} & \cdots & a_{nn} \end{vmatrix}, \quad D^{\mathrm{T}} = \begin{vmatrix} a_{11} & a_{21} & \cdots & a_{n1} \\ a_{12} & a_{22} & \cdots & a_{n2} \\ \vdots & \vdots & & \vdots \\ a_{1n} & a_{2n} & \cdots & a_{nn} \end{vmatrix}.$$

性质 6 行列式和它的转置行列式相等，即 $D=D^{\mathrm{T}}$.

1.1.1 定义法

例 1-1 设

$$F(x) = \begin{vmatrix} x-a_{11} & -a_{12} & -a_{13} & -a_{14} \\ -a_{21} & 2x-a_{22} & -a_{23} & -a_{24} \\ -a_{31} & -a_{32} & 3x-a_{33} & -a_{34} \\ -a_{41} & -a_{42} & -a_{43} & 4x-a_{44} \end{vmatrix},$$

求 x^4 的系数.

解 x^4 的项为 $(x-a_{11})(2x-a_{22})(3x-a_{33})(4x-a_{44})$，故 x^4 的系数为

$$1\times2\times3\times4=24.$$

注意　本题只求行列式中某一特定项，适用定义法；但是，使用定义法在求整个行列式时计算比较复杂，因此比较少用.

1.1.2　公式法 1(三角公式)

例 1-2　计算行列式

$$\begin{vmatrix} 1 & 3 & -1 & 2 \\ 1 & -5 & 3 & -4 \\ 0 & 2 & 1 & -1 \\ -5 & 1 & 3 & -3 \end{vmatrix}.$$

分析　该行列式是一个普通行列式，要通过行列式性质将它变成三角形行列式，进而使用三角形公式解题.

解

$$D\xlongequal[5r_1\to r_4]{(-1)\times r_1\to r_2}\begin{vmatrix} 1 & 3 & -1 & 2 \\ 0 & -8 & 4 & -6 \\ 0 & 2 & 1 & -1 \\ 0 & 16 & -2 & 7 \end{vmatrix}\xlongequal{r_2\leftrightarrow r_3}-\begin{vmatrix} 1 & 3 & -1 & 2 \\ 0 & 2 & 1 & -1 \\ 0 & -8 & 4 & -6 \\ 0 & 16 & -2 & 7 \end{vmatrix}$$

$$\xlongequal[-8r_2\to r_4]{4r_2\to r_3}-\begin{vmatrix} 1 & 3 & -1 & 2 \\ 0 & 2 & 1 & -1 \\ 0 & 0 & 8 & -10 \\ 0 & 0 & -10 & 15 \end{vmatrix}\xlongequal[r_4\div 5]{r_3\div 2}-10\begin{vmatrix} 1 & 3 & -1 & 2 \\ 0 & 2 & 1 & -1 \\ 0 & 0 & 4 & -5 \\ 0 & 0 & -2 & 3 \end{vmatrix}$$

$$\xlongequal{\frac{1}{2}r_3\to r_4}-10\begin{vmatrix} 1 & 3 & -1 & 2 \\ 0 & 2 & 1 & -1 \\ 0 & 0 & 4 & -5 \\ 0 & 0 & 0 & \frac{1}{2} \end{vmatrix}=-10\times4=-40.$$

总结　本题主要通过用第 1 行帮其他行“造 0”，这类利用某一行帮其他行“造 0”的方法，称为“我帮大家”. 这种方法虽然有一定的计算量，但是它是最常用的方法.

例 1-3　计算行列式

$$D=\begin{vmatrix} x & 1 & 1 & 1 \\ 1 & x & 1 & 1 \\ 1 & 1 & x & 1 \\ 1 & 1 & 1 & x \end{vmatrix}.$$

分析　该行列式是一个列和行相等的行列式，因此，各行累加到第 1 行后可以提取公因式，将第 1 行的每个数都化为 1，再通过性质 3 快速得到三角形行列式以方便计算.

解

$$D\xlongequal[r_4\to r_1]{\substack{r_2\to r_1\\ r_3\to r_1}}\begin{vmatrix} x+3 & x+3 & x+3 & x+3\\ 1 & x & 1 & 1\\ 1 & 1 & x & 1\\ 1 & 1 & 1 & x\end{vmatrix}\xlongequal{r_1\div(x+3)}(x+3)\begin{vmatrix} 1 & 1 & 1 & 1\\ 1 & x & 1 & 1\\ 1 & 1 & x & 1\\ 1 & 1 & 1 & x\end{vmatrix}$$

$$\xlongequal[(-1)\times r_1\to r_4]{\substack{(-1)\times r_1\to r_2\\ (-1)\times r_1\to r_3}}(x+3)\begin{vmatrix} 1 & 1 & 1 & 1\\ 0 & x-1 & 0 & 0\\ 0 & 0 & x-1 & 0\\ 0 & 0 & 0 & x-1\end{vmatrix}=(x+3)(x-1)^3.$$

总结 对于列和行相等的行列式，每一行累加到第 1 行帮助第 1 行“造 1”，这种方法叫做“大家帮我”. 行和列相等的行列式同理.

例 1－4 计算行列式

$$D=\begin{vmatrix} 1 & a & a^2 & a^3 & a^4\\ a^4 & 1 & a & a^2 & a^3\\ a^3 & a^4 & 1 & a & a^2\\ a^2 & a^3 & a^4 & 1 & a\\ a & a^2 & a^3 & a^4 & 1\end{vmatrix}.$$

分析 每一行相差 a 倍，乘以 $-a$ 后相加可“造 0”，化为三角形行列式.

解

$$D\xlongequal[i=1,2,3,4]{(-a)r_{i+1}\to r_i}\begin{vmatrix} 1-a^5 & 0 & 0 & 0 & 0\\ 0 & 1-a^5 & 0 & 0 & 0\\ 0 & 0 & 1-a^5 & 0 & 0\\ 0 & 0 & 0 & 1-a^5 & 0\\ a & a^2 & a^3 & a^4 & 1\end{vmatrix}=(1-a^5)^4.$$

总结 对于相邻两行有固定倍数的行列式，相邻两行通过倍加“造 0”，这种方法叫做“手拉手”.

将普通行列式转化为三角形行列式的方法如表 1－1 所示.

表 1－1 将普通行列式转化为三角形行列式

口诀	记忆方法
“我帮大家”	视频 1－2 “我帮大家” 

续　表

口诀	记忆方法
“大家帮我”	视频 1－3　“大家帮我” 
“手拉手”	视频 1－4　“手拉手” 

1.1.3　公式法 2(降阶公式)

例 1－5　(2014 年)行列式

$$\begin{vmatrix} 0 & a & b & 0 \\ a & 0 & 0 & b \\ 0 & c & d & 0 \\ c & 0 & 0 & d \end{vmatrix} = (\qquad).$$

A. $(ad-bc)^2$　　B. $-(ad-bc)^2$　　C. $a^2d^2-b^2c^2$　　D. $b^2c^2-a^2d^2$

解　本题行列式含有较多“0”,用降阶法;第 4 行两个非零数都在行列式的角落位置,便于代数余子式的计算,优先选择按第 4 行展开.

$$D = c\cdot(-1)^{4+1}\begin{vmatrix} a & b & 0 \\ 0 & 0 & b \\ c & d & 0 \end{vmatrix} + d\cdot(-1)^{4+4}\begin{vmatrix} 0 & a & b \\ a & 0 & 0 \\ 0 & c & d \end{vmatrix}$$

$$= -c\cdot b\cdot(-1)^{2+3}\begin{vmatrix} a & b \\ c & d \end{vmatrix} + d\cdot a\cdot(-1)^{2+1}\begin{vmatrix} a & b \\ c & d \end{vmatrix}$$

$$= bc(ad-cb) - ad(ad-bc) = (ad-bc)(bc-ad) = -(ad-bc)^2.$$

例 1－6　(2015 年)n 阶行列式

$$\begin{vmatrix} 2 & 0 & \cdots & 0 & 2 \\ -1 & 2 & \cdots & 0 & 2 \\ \vdots & \vdots & \ddots & \vdots & \vdots \\ 0 & 0 & \cdots & 2 & 2 \\ 0 & 0 & \cdots & -1 & 2 \end{vmatrix} = (\qquad\qquad).$$

解 本题行列式含有较多“0”，用降阶法；第 1 行两个非零数都在行列式的角落位置，优先选择按第 1 行展开.

$$\begin{aligned}D_n &= 2\times(-1)^{1+1}D_{n-1}+2\times(-1)^{1+n}(-1)^{n-1}=2D_{n-1}+2\times(-1)^{2n}=2D_{n-1}+2\\&=2(2D_{n-2}+2)+2=2^2D_{n-2}+2^2+2=2^2(2D_{n-3}+2)+2^2+2\\&=2^3\cdot D_{n-3}+2^3+2^2+2^1=\cdots=2^{n-1}D_1+2^{n-1}+2^{n-2}+\cdots+2^2+2^1\\&=2^n+2^{n-1}+2^{n-2}+\cdots+2^2+2^1=2\cdot\frac{1-2^n}{1-2}=2(2^n-1)=2^{n+1}-2.\end{aligned}$$

例 1-7 计算行列式

$$\begin{vmatrix}x+1 & 2 & -1\\ 2 & x+1 & 1\\ -1 & 1 & x+1\end{vmatrix}.$$

分析 该行列式含有较多相同数和相反数，用降阶法.

解

$$\begin{aligned}D &\xlongequal{r_2\to r_1}\begin{vmatrix}x+3 & x+3 & 0\\ 2 & x+1 & 1\\ -1 & 1 & x+1\end{vmatrix}\xlongequal{r_1\div(x+3)}(x+3)\begin{vmatrix}1 & 1 & 0\\ 2 & x+1 & 1\\ -1 & 1 & x+1\end{vmatrix}\\&\xlongequal{(-1)\times c_1\to c_2}(x+3)\begin{vmatrix}1 & 0 & 0\\ 2 & x-1 & 1\\ -1 & 2 & x+1\end{vmatrix}\\&=(x+3)\begin{vmatrix}x-1 & 1\\ 2 & x+1\end{vmatrix}=(x+3)(x^2-3).\end{aligned}$$

总结 降阶法的使用条件：①“0”多；②相同数或相反数多.

课堂练习

【练习 1-1】 4 阶行列式

$$\begin{vmatrix}a_1 & 0 & 0 & b_1\\ 0 & a_2 & b_2 & 0\\ 0 & b_3 & a_3 & 0\\ b_4 & 0 & 0 & a_4\end{vmatrix}$$

的值等于(　　).

A. $a_1a_2a_3a_4-b_1b_2b_3b_4$

B. $a_1a_2a_3a_4+b_1b_2b_3b_4$

C. $(a_1a_2-b_1b_2)(a_3a_4-b_3b_4)$

D. $(a_2a_3-b_2b_3)(a_1a_4-b_1b_4)$

【练习 1-2】 计算行列式

$$\begin{vmatrix} 4 & 1 & 2 & 4 \\ 1 & 2 & 0 & 2 \\ 10 & 5 & 2 & 0 \\ 0 & 1 & 1 & 7 \end{vmatrix}.$$

【练习 1-3】 计算行列式

$$\begin{vmatrix} 1 & -1 & 1 & x-1 \\ 1 & -1 & x+1 & -1 \\ 1 & x-1 & 1 & -1 \\ x+1 & -1 & 1 & -1 \end{vmatrix}.$$

【练习 1-4】 计算行列式

$$\begin{vmatrix} 1 & 1 & 1 & 0 \\ 1 & 1 & 0 & 1 \\ 1 & 0 & 1 & 1 \\ 0 & 1 & 1 & 1 \end{vmatrix}.$$

【练习 1-5】 (2020 年)计算行列式

$$\begin{vmatrix} a & 0 & -1 & 1 \\ 0 & a & 1 & -1 \\ -1 & 1 & a & 0 \\ 1 & -1 & 0 & a \end{vmatrix}.$$

【练习 1-6】 计算行列式

$$\begin{vmatrix} a^2 & (a+1)^2 & (a+2)^2 & (a+3)^2 \\ b^2 & (b+1)^2 & (b+2)^2 & (b+3)^2 \\ c^2 & (c+1)^2 & (c+2)^2 & (c+3)^2 \\ d^2 & (d+1)^2 & (d+2)^2 & (d+3)^2 \end{vmatrix}.$$

【练习 1-7】 计算行列式

$$\begin{vmatrix} a & 1 & 0 & 0 \\ -1 & b & 1 & 0 \\ 0 & -1 & c & 1 \\ 0 & 0 & -1 & d \end{vmatrix}.$$

【练习 1-8】 计算 10 阶行列式

$$\begin{vmatrix} -\lambda & 1 & 0 & \cdots & 0 & 0 \\ 0 & -\lambda & 1 & \cdots & 0 & 0 \\ \vdots & \vdots & \vdots & & \vdots & \vdots \\ 0 & 0 & 0 & \cdots & -\lambda & 1 \\ 10^{10} & 0 & 0 & \cdots & 0 & -\lambda \end{vmatrix}_{10\times 10},$$

其中，λ 为常数.

【练习 1-9】 计算 n 阶行列式

$$\begin{vmatrix} a & b & 0 & \cdots & 0 & 0 \\ 0 & a & b & \cdots & 0 & 0 \\ 0 & 0 & a & \cdots & 0 & 0 \\ \vdots & \vdots & \vdots & & \vdots & \vdots \\ 0 & 0 & 0 & \cdots & a & b \\ b & 0 & 0 & \cdots & 0 & a \end{vmatrix}_{n\times n}.$$

【练习 1-10】 计算 5 阶行列式

$$\begin{vmatrix} 1-a & a & 0 & 0 & 0 \\ -1 & 1-a & a & 0 & 0 \\ 0 & -1 & 1-a & a & 0 \\ 0 & 0 & -1 & 1-a & a \\ 0 & 0 & 0 & -1 & 1-a \end{vmatrix}.$$

§1.2 优等生（伴随、逆与转置）

知识梳理

1. 伴随矩阵

（1）定义.

行列式 $|A|$ 的各个元素的代数余子式 A_{ij} 所构成的矩阵

$$\boldsymbol{A}^* = \begin{pmatrix} A_{11} & A_{21} & \cdots & A_{n1} \\ A_{12} & A_{22} & \cdots & A_{n2} \\ \vdots & \vdots & & \vdots \\ A_{1n} & A_{2n} & \cdots & A_{nn} \end{pmatrix},$$

称为矩阵 $\boldsymbol{A}$ 的伴随矩阵.

（2）公式.

$$\boldsymbol{A}\boldsymbol{A}^* = \boldsymbol{A}^*\boldsymbol{A} = |\boldsymbol{A}|\boldsymbol{E}.$$

（3）解题方法.

$\begin{cases} \text{定义法} \\ \text{公式法} \end{cases}$

2. 逆矩阵

（1）定义.

对于方阵 $\boldsymbol{A}$，如果有一个方阵 $\boldsymbol{B}$，能使 $\boldsymbol{AB}=\boldsymbol{BA}=\boldsymbol{E}$，那么，$\boldsymbol{A}$ 是可逆的，并把 $\boldsymbol{B}$ 称为 $\boldsymbol{A}$ 的逆矩阵，即 $\boldsymbol{B}=\boldsymbol{A}^{-1}$.

(2) 公式.

① "天方公式": $A^{-1}=\dfrac{A^*}{|A|}$;

② "AE 公式": $(A \vdots E)\xrightarrow{\text{行变换}}(E \vdots A^{-1})$.

小结　求逆矩阵的公式有 2 个,分别为"天方公式"和"AE 公式",简称:"逆天 A".

视频 1-5 "天方夜谭-天方公式"

图 1-2 "天方夜谭-天方公式"

视频 1-6 "逆天 A"

图 1-3 "逆天 A"

(3) 解题方法.

$\begin{cases}\text{定义法}\\ \text{公式法}\end{cases}$

(4) 如何判断矩阵是否可逆.

若 $|A|\neq 0$,则矩阵 A 可逆.

注意　此结论反过来也是正确的,也就是说,若矩阵 A 可逆,则 $|A|\neq 0$.

3. 转置

(1) 定义.

把矩阵 A 的行换成同序数的列,得到一个新的矩阵,叫作 A 的转置矩阵,记作 A^{T}.

例如,

$$A=\begin{pmatrix}1&2&3\\4&5&6\end{pmatrix}$$

的转置矩阵为

$$A^{\mathrm{T}}=\begin{pmatrix}1&4\\2&5\\3&6\end{pmatrix}.$$

(2) 公式(无).

(3) 解题方法.

$\begin{cases}\text{定义法} & \surd. \\ \text{公式法} & \times.\end{cases}$

(4) 相关概念.

① 对称矩阵：$\boldsymbol{A}^{\mathrm{T}}=\boldsymbol{A}$；

② 正交矩阵：$\boldsymbol{A}^{\mathrm{T}}\boldsymbol{A}=\boldsymbol{A}\boldsymbol{A}^{\mathrm{T}}=\boldsymbol{E}$.

例 1-8 (2001 年)设矩阵 $\boldsymbol{A}$ 满足 $\boldsymbol{A}^2+\boldsymbol{A}-4\boldsymbol{E}=\boldsymbol{O}$，其中，$\boldsymbol{E}$ 为单位矩阵，则 $(\boldsymbol{A}-\boldsymbol{E})^{-1}=$________.

解 求逆矩阵的方法：①定义法；②公式法. 公式法："逆天 $\boldsymbol{A}$".

由于 $\boldsymbol{A}^*$ 未知，不能使用"天方公式"；$\boldsymbol{A}$ 的具体元素未知，不能使用 $\boldsymbol{AE}$ 公式. 故用定义法.

求 $(\boldsymbol{A}-\boldsymbol{E})\times ?=\boldsymbol{E}$，为了方便书写，$\boldsymbol{A}$ 写成小写 a，$\boldsymbol{E}$ 写成 1，即 $(a-1)\times ?=1$.

由于 $a^2+a-4=0$，有 $[(a-1)(a+2)+2]-4=0$，$(a-1)(a+2)-2=0$，

$(a-1)(a+2)=2$，$(a-1)\times\frac{1}{2}(a+2)=1$，故 $(\boldsymbol{A}-\boldsymbol{E})^{-1}=\frac{1}{2}(\boldsymbol{A}+2\boldsymbol{E})$.

例 1-9 (2008 年)设 $\boldsymbol{A}$ 为 n 阶非零矩阵，$\boldsymbol{E}$ 为 n 阶单位矩阵，若 $\boldsymbol{A}^3=\boldsymbol{O}$，则(   ).

A. $\boldsymbol{E}-\boldsymbol{A}$ 不可逆，$\boldsymbol{E}+\boldsymbol{A}$ 不可逆　　B. $\boldsymbol{E}-\boldsymbol{A}$ 不可逆，$\boldsymbol{E}+\boldsymbol{A}$ 可逆

C. $\boldsymbol{E}-\boldsymbol{A}$ 可逆，$\boldsymbol{E}+\boldsymbol{A}$ 可逆　　D. $\boldsymbol{E}-\boldsymbol{A}$ 可逆，$\boldsymbol{E}+\boldsymbol{A}$ 不可逆

解 用定义法，求逆矩阵；为了方便书写，$\boldsymbol{A}$ 写成小写 a，$\boldsymbol{E}$ 写成 1.

① 由于 $a^3=0$，有 $(1-a)(1+a+a^2)=1-a^3=1$，故 $\boldsymbol{E}-\boldsymbol{A}$ 可逆.

② 由于 $a^3=0$，有 $(1+a)(1-a+a^2)=1+a^3=1$，故 $\boldsymbol{E}+\boldsymbol{A}$ 可逆.

③ C 选项正确.

例 1-10 求 2 阶方阵

$$\boldsymbol{A}=\begin{pmatrix} m & n \\ p & q \end{pmatrix}$$

的逆矩阵.

分析 用"天方公式"，求逆矩阵.

解 $|\boldsymbol{A}|=mq-pn$.

$$\boldsymbol{A}^*=\begin{pmatrix} q & -n \\ -p & m \end{pmatrix},$$

$$\boldsymbol{A}^{-1}=\frac{\boldsymbol{A}^*}{|\boldsymbol{A}|}=\frac{\begin{pmatrix} q & -n \\ -p & m \end{pmatrix}}{mq-pn}.$$

总结 2 阶方阵的伴随矩阵 $\boldsymbol{A}^*$ 的求法如下：将主对角线上的数字互换，再将副对角线上的数字取负号，简称："2 星换负".

视频 1-7 “2 星换负”

图 1-4 “2 星换负”

例 1-11 求方阵

$$\begin{pmatrix} 3 & 2 & 1 \\ 3 & 1 & 5 \\ 3 & 2 & 3 \end{pmatrix}$$

的逆矩阵.

分析 用“$\boldsymbol{AE}$ 公式”,求逆矩阵.

解 记所给的矩阵为 $\boldsymbol{A}$.

$$(\boldsymbol{A} \vdots \boldsymbol{E}) = \left(\begin{array}{ccc:ccc} 3 & 2 & 1 & 1 & 0 & 0 \\ 3 & 1 & 5 & 0 & 1 & 0 \\ 3 & 2 & 3 & 0 & 0 & 1 \end{array}\right) \xrightarrow[(-1)\times r_1 \to r_3]{(-1)\times r_1 \to r_2} \left(\begin{array}{ccc:ccc} 3 & 2 & 1 & 1 & 0 & 0 \\ 0 & -1 & 4 & -1 & 1 & 0 \\ 0 & 0 & 2 & -1 & 0 & 1 \end{array}\right)$$

$$\xrightarrow[(-2)\times r_2 \to r_1]{r_2 \times (-1)} \left(\begin{array}{ccc:ccc} 3 & 0 & 9 & -1 & 2 & 0 \\ 0 & 1 & -4 & 1 & -1 & 0 \\ 0 & 0 & 2 & -1 & 0 & 1 \end{array}\right)$$

$$\xrightarrow[\substack{(-9)\times r_3 \to r_1 \\ 4\times r_3 \to r_2}]{r_3 \div 2} \left(\begin{array}{ccc:ccc} 3 & 0 & 0 & \frac{7}{2} & 2 & -\frac{9}{2} \\ 0 & 1 & 0 & -1 & -1 & 2 \\ 0 & 0 & 1 & -\frac{1}{2} & 0 & \frac{1}{2} \end{array}\right)$$

$$\xrightarrow{r_1 \div 3} \left(\begin{array}{ccc:ccc} 1 & 0 & 0 & \frac{7}{6} & \frac{2}{3} & -\frac{3}{2} \\ 0 & 1 & 0 & -1 & -1 & 2 \\ 0 & 0 & 1 & -\frac{1}{2} & 0 & \frac{1}{2} \end{array}\right),$$

故

$$\boldsymbol{A}^{-1} = \begin{pmatrix} \frac{7}{6} & \frac{2}{3} & -\frac{3}{2} \\ -1 & -1 & 2 \\ -\frac{1}{2} & 0 & \frac{1}{2} \end{pmatrix}.$$

总结 将普通方阵 $\boldsymbol{A}$ 转化成单位矩阵 $\boldsymbol{E}$ 的过程如下：

$$\boldsymbol{A} \to \text{三角形方阵} \to \text{对角阵} \to \boldsymbol{E}.$$

课堂练习

【练习 1-11】 设 n 阶矩阵 $\boldsymbol{A}$ 非奇异 $(n \geqslant 2)$，$\boldsymbol{A}^*$ 是矩阵 $\boldsymbol{A}$ 的伴随矩阵，则（　　）.

A. $(\boldsymbol{A}^*)^* = |\boldsymbol{A}|^{n-1}\boldsymbol{A}$　　B. $(\boldsymbol{A}^*)^* = |\boldsymbol{A}|^{n+1}\boldsymbol{A}$

C. $(\boldsymbol{A}^*)^* = |\boldsymbol{A}|^{n-2}\boldsymbol{A}$　　D. $(\boldsymbol{A}^*)^* = |\boldsymbol{A}|^{n+2}\boldsymbol{A}$

【练习 1-12】 设 $\boldsymbol{A}, \boldsymbol{B}, \boldsymbol{A}+\boldsymbol{B}, \boldsymbol{A}^{-1}+\boldsymbol{B}^{-1}$ 均为 n 阶可逆矩阵，则 $(\boldsymbol{A}^{-1}+\boldsymbol{B}^{-1})^{-1}$ 等于（　　）.

A. $\boldsymbol{A}^{-1}+\boldsymbol{B}^{-1}$　　B. $\boldsymbol{A}+\boldsymbol{B}$　　C. $\boldsymbol{A}(\boldsymbol{A}+\boldsymbol{B})^{-1}\boldsymbol{B}$　　D. $(\boldsymbol{A}+\boldsymbol{B})^{-1}$

【练习 1-13】 已知 n 阶方阵 $\boldsymbol{A}$ 满足矩阵方程 $\boldsymbol{A}^2-3\boldsymbol{A}-2\boldsymbol{E}=\boldsymbol{O}$，其中，$\boldsymbol{A}$ 给定，$\boldsymbol{E}$ 是单位矩阵. 证明：$\boldsymbol{A}$ 可逆，并求出其逆矩阵 $\boldsymbol{A}^{-1}$.

【练习 1-14】 设矩阵

$$\boldsymbol{A}=\begin{pmatrix}1&0&0\\1&2&0\\0&0&1\end{pmatrix},$$

求 $\boldsymbol{A}^{-1}$.

【练习 1-15】 设矩阵

$$\boldsymbol{A}=\begin{pmatrix}0&0&0&1\\0&0&1&0\\0&1&0&0\\1&0&0&0\end{pmatrix},$$

求 $\boldsymbol{A}^{-1}$.

【练习 1-16】 设矩阵

$$\boldsymbol{A}=\begin{pmatrix}1&0&0\\2&2&0\\3&4&5\end{pmatrix},$$

$\boldsymbol{A}^*$ 是 $\boldsymbol{A}$ 的伴随矩阵，求 $(\boldsymbol{A}^*)^{-1}$.

§1.3 梦想的翅膀(秩)

知识梳理

1. 定义

设在矩阵 $\boldsymbol{A}$ 中有一个不等于 0 的 r 阶子式 D，且所有 $r+1$ 阶子式全等于 0，那么，D 称为矩阵 $\boldsymbol{A}$ 的最高阶非零子式，数 r 称为矩阵 $\boldsymbol{A}$ 的秩，记作 $R(\boldsymbol{A})$.

2. 公式

(1)“独立公式”.

矩阵的秩等于矩阵的行(或列)向量中独立向量的个数,即

$$R(\boldsymbol{A})=n_{\text{独}}.$$

(2)“阶梯公式”.

将矩阵转化为“行阶梯形矩阵”,矩阵的秩即等于其竖线或横线的个数,即 $R(\boldsymbol{A})=n_{\text{线}}$.

小结　求秩的公式有 2 个,分别为“独立公式”和“阶梯公式”,简称:“秩独梯”.

3. 解题方法

$\begin{cases}\text{定义法}\\\text{公式法}\end{cases}$

视频 1-8　“秩独梯”1

图 1-5　“秩独梯”1

1.3.1　定义法

例 1-12　设矩阵

$$\boldsymbol{A}=\begin{pmatrix}1 & 1 & 1 & -1\\1 & 3 & x & 1\\2 & 0 & 3 & -4\\3 & 5 & y & -1\end{pmatrix},$$

已知 $R(\boldsymbol{A})=2$,求 x, y 的值.

分析　根据定义法可知,$R(\boldsymbol{A})=2$ 表示该矩阵的3阶子式为0,用含 x 的3阶子式求 x,用含 y 的 3 阶子式求 y.

解　由于

$$\begin{vmatrix}1 & 1 & 1\\1 & 3 & x\\2 & 0 & 3\end{vmatrix}=\begin{vmatrix}1 & 1 & 1\\-2 & 0 & x-3\\2 & 0 & 3\end{vmatrix}=1\times(-1)^{1+2}\begin{vmatrix}-2 & x-3\\2 & 3\end{vmatrix}=2x=0,$$

有 $x=0$. 由于

$$\begin{vmatrix}1 & 1 & 1\\2 & 0 & 3\\3 & 5 & y\end{vmatrix}=\begin{vmatrix}1 & 1 & 1\\2 & 0 & 3\\-2 & 0 & y-5\end{vmatrix}=1\times(-1)^{1+2}\begin{vmatrix}2 & 3\\-2 & y-5\end{vmatrix}=-(2y-4)=0,$$

有 $y=2$.

1.3.2 公式法

例 1-13 设矩阵

$$\boldsymbol{A}=\begin{pmatrix}2 & 1 & 8 & 3 & 7\\ 2 & -3 & 0 & 7 & -5\\ 3 & -2 & 5 & 8 & 0\\ 1 & 0 & 3 & 2 & 0\end{pmatrix},$$

求 $R(\boldsymbol{A})$.

分析 本题使用定义法计算较为复杂,选择公式法中的“阶梯公式”.

解

$$\boldsymbol{A}\xrightarrow{r_1\leftrightarrow r_4}\begin{pmatrix}1 & 0 & 3 & 2 & 0\\ 2 & -3 & 0 & 7 & -5\\ 3 & -2 & 5 & 8 & 0\\ 2 & 1 & 8 & 3 & 7\end{pmatrix}\xrightarrow[\substack{-3r_1\to r_3\\ -2r_1\to r_4}]{-2r_1\to r_2}\begin{pmatrix}1 & 0 & 3 & 2 & 0\\ 0 & -3 & -6 & 3 & -5\\ 0 & -2 & -4 & 2 & 0\\ 0 & 1 & 2 & -1 & 7\end{pmatrix}$$

$$\xrightarrow[\substack{2r_2\to r_3\\ 3r_2\to r_4}]{r_2\leftrightarrow r_4}\begin{pmatrix}1 & 0 & 3 & 2 & 0\\ 0 & 1 & 2 & -1 & 7\\ 0 & 0 & 0 & 0 & 14\\ 0 & 0 & 0 & 0 & 16\end{pmatrix}\xrightarrow[-16r_3\to r_4]{r_3\div 14}\begin{pmatrix}1 & 0 & 3 & 2 & 0\\ 0 & 1 & 2 & -1 & 7\\ 0 & 0 & 0 & 0 & 1\\ 0 & 0 & 0 & 0 & 0\end{pmatrix}.$$

由于

$$\begin{pmatrix}1 & 0 & 3 & 2 & 0\\ 0 & 1 & 2 & -1 & 7\\ 0 & 0 & 0 & 0 & 1\\ 0 & 0 & 0 & 0 & 0\end{pmatrix},$$

故 $R(\boldsymbol{A})=3$.

总结 “阶梯”的画法如下:

(1) 从第 1 行开始,先画竖线,再画横线;

(2) 整个楼梯以竖线开始,以横线结尾;

(3) 竖线的长度恒为 1,横线的长度可以大于 1;

(4) 从左到右楼梯只能下行,不能上行;

(5) 竖线和横线的个数相同.

课堂练习

【练习 1-17】 设 n 阶矩阵 $\boldsymbol{A}$ 与 $\boldsymbol{B}$ 等价,则必有(   ).

A. 当 $|\boldsymbol{A}|=a(a\neq 0)$ 时, $|\boldsymbol{B}|=a$ B. 当 $|\boldsymbol{A}|=a(a\neq 0)$ 时, $|\boldsymbol{B}|=-a$

C. 当 $|\boldsymbol{A}| \neq 0$ 时，$|\boldsymbol{B}| = 0$　　　　D. 当 $|\boldsymbol{A}| = 0$ 时，$|\boldsymbol{B}| = 0$

【练习 1-18】 设矩阵

$$\boldsymbol{A}=\begin{pmatrix}3 & 1 & 0 & 2\\ 1 & -1 & 2 & -1\\ 1 & 3 & -4 & 4\end{pmatrix},$$

求 $R(\boldsymbol{A})$.

【练习 1-19】 设矩阵

$$\boldsymbol{A}=\begin{pmatrix}3 & 2 & -1 & -3 & -1\\ 2 & -1 & 3 & 1 & -3\\ 7 & 0 & 5 & -1 & -8\end{pmatrix},$$

求 $R(\boldsymbol{A})$.

【练习 1-20】 设矩阵

$$\boldsymbol{A}=\begin{pmatrix}k & 1 & 1 & 1\\ 1 & k & 1 & 1\\ 1 & 1 & k & 1\\ 1 & 1 & 1 & k\end{pmatrix},$$

且 $R(\boldsymbol{A})=3$，求 k 的值.

【练习 1-21】 设矩阵

$$\boldsymbol{A}=\begin{pmatrix}1 & 2 & -1 & 1\\ 3 & 2 & \lambda & -1\\ 5 & 6 & 3 & \mu\end{pmatrix},$$

已知 $R(\boldsymbol{A})=2$，求 λ 与 μ 的值.

§1.4 本章超纲内容汇总

1. 逆序数

例如，4 阶行列式中，带负号且包含 a_{13} 和 a_{21} 的项为________.

2. 范德蒙德行列式

$$\begin{vmatrix}1 & 1 & \cdots & 1\\ x_1 & x_2 & \cdots & x_n\\ x_1^2 & x_2^2 & \cdots & x_n^2\\ \vdots & \vdots & & \vdots\\ x_1^{n-1} & x_2^{n-1} & \cdots & x_n^{n-1}\end{vmatrix}=\prod_{n\geqslant i>j\geqslant 1}(x_i-x_j),$$

其中，记号“$\prod$”表示全体同类因子的乘积.

3. 克拉默法则

含有 n 个未知数 $x_1, x_2, \cdots, x_n$ 的 n 个线性方程的方程组

$$\begin{cases} a_{11}x_1+a_{12}x_2+\cdots+a_{1n}x_n=b_1, \\ a_{21}x_1+a_{22}x_2+\cdots+a_{2n}x_n=b_2, \\ \qquad\qquad\cdots \\ a_{n1}x_1+a_{n2}x_2+\cdots+a_{nn}x_n=b_n, \end{cases}$$

如果以上线性方程组的系数矩阵 $\boldsymbol{A}$ 的行列式不等于零，即

$$|\boldsymbol{A}|=\begin{vmatrix} a_{11} & \cdots & a_{1n} \\ \vdots & & \vdots \\ a_{n1} & \cdots & a_{nn} \end{vmatrix} \neq 0,$$

那么，方程组有唯一解

$$x_1=\frac{|\boldsymbol{A}_1|}{|\boldsymbol{A}|}, \quad x_2=\frac{|\boldsymbol{A}_2|}{|\boldsymbol{A}|}, \quad \cdots, \quad x_n=\frac{|\boldsymbol{A}_n|}{|\boldsymbol{A}|},$$

其中，$\boldsymbol{A}_j(j=1, 2, \cdots, n)$ 是把系数矩阵 $\boldsymbol{A}$ 中第 j 列的元素用方程组右端的常数项代替后所得到的 n 阶矩阵.

第2章　双矩阵计算

§2.1　蔡锷将军(加与乘)

知识梳理

1. 定义

(1) 加.

$$\boldsymbol{A}+\boldsymbol{B}=\begin{pmatrix} a_{11}+b_{11} & a_{12}+b_{12} & \cdots & a_{1n}+b_{1n} \\ a_{21}+b_{21} & a_{22}+b_{22} & \cdots & a_{2n}+b_{2n} \\ \vdots & \vdots & & \vdots \\ a_{m1}+b_{m1} & a_{m2}+b_{m2} & \cdots & a_{mn}+b_{mn} \end{pmatrix}.$$

(2) 数乘.

$$k\boldsymbol{A}=\boldsymbol{A}k=\begin{pmatrix} ka_{11} & ka_{12} & \cdots & ka_{1n} \\ ka_{21} & ka_{22} & \cdots & ka_{2n} \\ \vdots & \vdots & & \vdots \\ ka_{m1} & ka_{m2} & \cdots & ka_{mn} \end{pmatrix}.$$

(3) 乘法.

$$\boldsymbol{AB}=\begin{pmatrix} 2 & 0 & -1 \\ 1 & 3 & 2 \end{pmatrix}\begin{pmatrix} 1 & 7 & -1 \\ 4 & 2 & 3 \\ 2 & 0 & 1 \end{pmatrix}=\begin{pmatrix} 0 & 14 & -3 \\ 17 & 13 & 10 \end{pmatrix}.$$

(4) 幂.

$\boldsymbol{A}^k$ 就是 k 个 $\boldsymbol{A}$ 连乘.

2. 公式(无)

3. 解题方法

$\begin{cases} \text{定义法} & \surd. \\ \text{公式法} & \times. \end{cases}$

4. 幂的求法

(1) 归纳法;

(2) 对角阵法;

(3) 向量外积法.

简称:“秘(幂)归对外”.

视频 2-1 “秘归对外”

图 2-1 “秘归对外”

2.1.1 归纳法

例 2-1 设矩阵

$$A=\begin{pmatrix}1 & 0\\ \lambda & 1\end{pmatrix},$$

求 A^k.

分析 口诀:“秘归对外”. 本题选择归纳法.

解 $A^2=\begin{pmatrix}1 & 0\\ \lambda & 1\end{pmatrix}\begin{pmatrix}1 & 0\\ \lambda & 1\end{pmatrix}=\begin{pmatrix}1 & 0\\ 2\lambda & 1\end{pmatrix}$,

$A^3=\begin{pmatrix}1 & 0\\ \lambda & 1\end{pmatrix}^2\begin{pmatrix}1 & 0\\ \lambda & 1\end{pmatrix}=\begin{pmatrix}1 & 0\\ 2\lambda & 1\end{pmatrix}\begin{pmatrix}1 & 0\\ \lambda & 1\end{pmatrix}=\begin{pmatrix}1 & 0\\ 3\lambda & 1\end{pmatrix}$,

$\vdots$

$A^k=\begin{pmatrix}1 & 0\\ k\lambda & 1\end{pmatrix}$.

(1) 当 $k=1$ 时,上式显然成立.

(2) 假设当 $k=n$ 时,上式成立,那么,当 $k=n+1$ 时,

$$A^{n+1}=A^nA=\begin{pmatrix}1 & 0\\ n\lambda & 1\end{pmatrix}\begin{pmatrix}1 & 0\\ \lambda & 1\end{pmatrix}=\begin{pmatrix}1 & 0\\ (n+1)\lambda & 1\end{pmatrix},$$

上式仍成立,得证.

2.1.2 对角阵法

例 2-2 (2016 年)设矩阵

$$A=\begin{pmatrix}0&-1&1\\2&-3&0\\0&0&0\end{pmatrix},$$

求 A^{99}.

分析　口诀:“秘归对外”.

解

$$A^2=\begin{pmatrix}0&-1&1\\2&-3&0\\0&0&0\end{pmatrix}\begin{pmatrix}0&-1&1\\2&-3&0\\0&0&0\end{pmatrix}=\begin{pmatrix}-2&3&0\\-6&7&2\\0&0&0\end{pmatrix},$$

$$A^3=\begin{pmatrix}-2&3&0\\-6&7&2\\0&0&0\end{pmatrix}\begin{pmatrix}0&-1&1\\2&-3&0\\0&0&0\end{pmatrix}=\begin{pmatrix}6&-7&-2\\14&-15&-6\\0&0&0\end{pmatrix},$$

$$A^4=\begin{pmatrix}6&-7&-2\\14&-15&-6\\0&0&0\end{pmatrix}\begin{pmatrix}0&-1&1\\2&-3&0\\0&0&0\end{pmatrix}=\begin{pmatrix}-14&15&6\\-30&31&14\\0&0&0\end{pmatrix}.$$

注意　①规律不明显,很难总结出 A^k 的表达式,所以,归纳法失效,要考虑对角阵法或向量外积法;②本题适合使用对角阵法;③对角阵法和向量外积法在后面的章节会详细讲解,本节暂不展开.

课堂练习

【练习 2-1】 设 A 是任一 $n(n\geqslant 3)$ 阶方阵,A^* 是其伴随矩阵,k 为常数,且 $k\neq 0,\pm 1$,则必有 $(kA)^*=($　　$)$.

A. kA^*　　　　B. $k^{n-1}A^*$

C. k^nA^*　　　　D. $k^{-1}A^*$

【练习 2-2】 设矩阵

$$A=\begin{vmatrix}0&1&0&0\\0&0&1&0\\0&0&0&1\\0&0&0&0\end{vmatrix},$$

求 A^3 的秩.

【练习 2-3】 设矩阵

$$A=\begin{pmatrix}1&0&1\\0&2&0\\1&0&1\end{pmatrix},$$

而 $n\geqslant 2$ 为正整数,求 A^n-2A^{n-1} 的值.

§ 2.2 美国独立（初等变换）

知识梳理

1. “乘法”的 3 种另类解释

(1) 初等变换；

(2) 方程组；

(3) 向量的计算.

简称：“乘初方向”.

视频 2－2 “乘初方向”

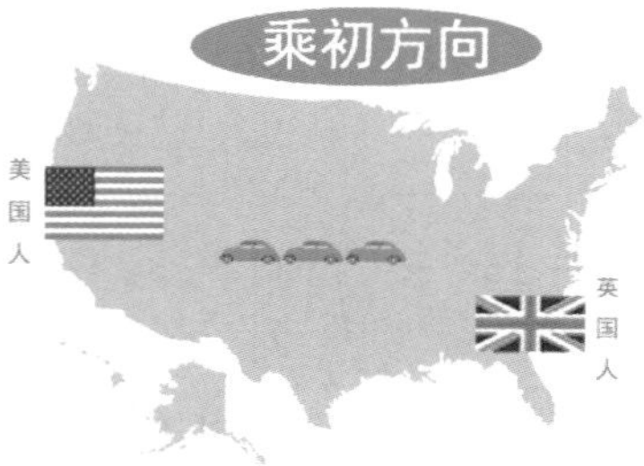

图 2－2 “乘初方向”

2. 初等变换

(1) 定义.

初等行变换 以下 3 种变换称为矩阵的初等行变换：

① 互换两行（“互换”）；

② 以 $k \neq 0$ 数乘某一行（“数乘”）；

③ 把某一行的 k 倍加到另一行上去（“倍加”）.

这 3 种变换合称“互数倍”.

初等列变换 把以上定义中的行换成列，即是矩阵的初等列变换.

初等变换 初等行变换与初等列变换，统称初等变换.

等价 如果矩阵 $\boldsymbol{A}$ 经有限次初等变换，变成矩阵 $\boldsymbol{B}$，就称矩阵 $\boldsymbol{A}$ 与 $\boldsymbol{B}$ 等价.

(2) $\boldsymbol{E}$ 的初等变换.

① 定义.

$$\boldsymbol{E}=\begin{pmatrix}1 & 0 & 0\\ 0 & 1 & 0\\ 0 & 0 & 1\end{pmatrix},$$

以 3 阶单位矩阵为例，

“互换” $E_{12}=\begin{pmatrix}0&1&0\\1&0&0\\0&0&1\end{pmatrix}$， “数乘” $E_{2(k)}=\begin{pmatrix}1&0&0\\0&k&0\\0&0&1\end{pmatrix}$， “倍加” $E_{23(k)}=\begin{pmatrix}1&0&0\\0&1&k\\0&0&1\end{pmatrix}$.

初等矩阵 由单位矩阵 E 经过一次初等变换得到的矩阵称为初等矩阵.

互初 E_{12} 为“互换”型初等矩阵，简称“互初”.

数初 $E_{2(k)}$ 为“数乘”型初等矩阵，简称“数初”.

倍初 $E_{23(k)}$ 为“倍加”型初等矩阵，简称“倍初”.

② 公式.

$$|E_{12}|=-1,\ |E_{2(k)}|=k,\ |E_{23(k)}|=1.$$
$$E_{12}^{-1}=E_{12}.$$
$$E_{12}^{\mathrm{T}}=E_{12}.$$

(3) A 的初等变换.

$$A=\begin{pmatrix}1&2&3\\4&5&6\\7&8&9\end{pmatrix}.$$

性质 1 对矩阵 A 施行一次初等行变换，相当于在 A 的左边乘以相应的初等矩阵.

性质 2 对矩阵 A 施行一次初等列变换，相当于在 A 的右边乘以相应的初等矩阵. 简称:“左行右列”.

例如，

$$A=\begin{pmatrix}1&2&3\\4&5&6\\7&8&9\end{pmatrix}\xrightarrow{r_1\leftrightarrow r_2}\begin{pmatrix}4&5&6\\1&2&3\\7&8&9\end{pmatrix},$$
$$E_{12}A=\begin{pmatrix}0&1&0\\1&0&0\\0&0&1\end{pmatrix}\begin{pmatrix}1&2&3\\4&5&6\\7&8&9\end{pmatrix}=\begin{pmatrix}4&5&6\\1&2&3\\7&8&9\end{pmatrix}.$$

定理 1 如果矩阵 A 经过有限次初等行变换，可以得到矩阵 B，那么，一定存在可逆矩阵 P，使 $PA=B$；反之亦然.

定理 2 如果矩阵 A 经过有限次初等列变换，可以得到矩阵 B，那么，一定存在可逆矩阵 Q，使 $AQ=B$；反之亦然.

定理 3 如果矩阵 A 经过有限次初等变换，可以得到矩阵 B，那么，一定存在可逆矩阵 P 和 Q，使 $PAQ=B$；反之亦然.

定理 1 的证明

由于 A 经过 l 次行变换得到 B，因此，$E_l\cdots E_2E_1A=B$.

令 $\boldsymbol{P}=\boldsymbol{E}_l\cdots\boldsymbol{E}_2\boldsymbol{E}_1$,则 $|\boldsymbol{P}|=|\boldsymbol{E}_l|\cdots|\boldsymbol{E}_2||\boldsymbol{E}_1|=(-1)^m\cdot k^n\cdot 1^p\neq 0(k\neq 0)$,故 $\boldsymbol{P}$ 可逆.

例 2-3 (2012 年)设 $\boldsymbol{A}$ 为 3 阶矩阵,$|\boldsymbol{A}|=3$,$\boldsymbol{A}^*$ 为 $\boldsymbol{A}$ 的伴随矩阵,若交换 $\boldsymbol{A}$ 的第 1 行与第 2 行得到矩阵 $\boldsymbol{B}$,则 $|\boldsymbol{BA}^*|=$________.

解 由于 $\boldsymbol{E}_{12}\boldsymbol{A}=\boldsymbol{B}$,$\boldsymbol{BA}^*=\boldsymbol{E}_{12}\boldsymbol{AA}^*=|\boldsymbol{A}|\boldsymbol{E}_{12}=3\boldsymbol{E}_{12}$,故

$$|\boldsymbol{BA}^*|=|3\boldsymbol{E}_{12}|=3^3|\boldsymbol{E}_{12}|=3^3\cdot(-1)=-27.$$

例 2-4 (2011 年)设 $\boldsymbol{A}$ 为 3 阶矩阵,将 $\boldsymbol{A}$ 的第 2 列加到第 1 列得矩阵 $\boldsymbol{B}$,再交换 $\boldsymbol{B}$ 的第 2 行与第 3 行得单位矩阵,记

$$\boldsymbol{P}_1=\begin{pmatrix}1&0&0\\1&1&0\\0&0&1\end{pmatrix},\quad \boldsymbol{P}_2=\begin{pmatrix}1&0&0\\0&0&1\\0&1&0\end{pmatrix},$$

则 $\boldsymbol{A}=(\quad)$.

A. $\boldsymbol{P}_1\boldsymbol{P}_2$　　B. $\boldsymbol{P}_1^{-1}\boldsymbol{P}_2$　　C. $\boldsymbol{P}_2\boldsymbol{P}_1$　　D. $\boldsymbol{P}_2\boldsymbol{P}_1^{-1}$

解 将 $\boldsymbol{A}$ 的第 2 列加到第 1 列得矩阵 $\boldsymbol{B}$,有

$$\boldsymbol{AP}_1=\boldsymbol{B} \tag{①}$$

交换 $\boldsymbol{B}$ 的第 2 行和第 3 行得单位矩阵,有

$$\boldsymbol{P}_2\boldsymbol{B}=\boldsymbol{E} \tag{②}$$

将①代入②,得 $\boldsymbol{P}_2\boldsymbol{AP}_1=\boldsymbol{E}$,因此,$\boldsymbol{A}=\boldsymbol{P}_2^{-1}\boldsymbol{EP}_1^{-1}=\boldsymbol{P}_2^{-1}\boldsymbol{P}_1^{-1}=\boldsymbol{P}_2\boldsymbol{P}_1^{-1}$,故选 D.

注意 $\boldsymbol{P}_2$ 为"互换"型初等矩阵("互初"),$\boldsymbol{P}_2^{-1}=\boldsymbol{P}_2$.

例 2-5 求方阵

$$\begin{pmatrix}3&2&1\\3&1&5\\3&2&3\end{pmatrix}$$

的逆矩阵.

解 记所给的矩阵为 $\boldsymbol{A}$.

$$(\boldsymbol{A}\vdots\boldsymbol{E})=\left(\begin{array}{ccc:ccc}3&2&1&1&0&0\\3&1&5&0&1&0\\3&2&3&0&0&1\end{array}\right)\xrightarrow[(-1)\times r_1\to r_3]{(-1)\times r_1\to r_2}\left(\begin{array}{ccc:ccc}3&2&1&1&0&0\\0&-1&4&-1&1&0\\0&0&2&-1&0&1\end{array}\right)$$

$$\xrightarrow[(-2)\times r_2\to r_1]{r_2\times(-1)}\left(\begin{array}{ccc:ccc}3&0&9&-1&2&0\\0&1&-4&1&-1&0\\0&0&2&-1&0&1\end{array}\right)$$

$$\xrightarrow[\substack{(-9)\times r_3\to r_1\\ 4\times r_3\to r_2}]{r_3\div 2}\left(\begin{array}{ccc:ccc}3&0&0&\frac{7}{2}&2&-\frac{9}{2}\\0&1&0&-1&-1&2\\0&0&1&-\frac{1}{2}&0&\frac{1}{2}\end{array}\right)$$

$$\xrightarrow{r_1\div 3}\left(\begin{array}{ccc:ccc}1&0&0&\frac{7}{6}&\frac{2}{3}&-\frac{3}{2}\\0&1&0&-1&-1&2\\0&0&1&-\frac{1}{2}&0&\frac{1}{2}\end{array}\right).$$

分析　从初等变换和乘法的角度看 $\boldsymbol{AE}$ 公式背后的原理.通过行变换,隔离线左边的 $\boldsymbol{A}$ 变换成 $\boldsymbol{E}$,看作乘法,即为 $\boldsymbol{A}^{-1}\boldsymbol{A}=\boldsymbol{E}$,隔离线右边的 $\boldsymbol{E}$ 也经历同样的行变换,因此,同样可以看作左乘 $\boldsymbol{A}^{-1}$,即 $\boldsymbol{A}^{-1}\boldsymbol{E}=\boldsymbol{A}^{-1}$,所以,最后在隔离线右边得到原矩阵的逆矩阵.

课堂练习

【练习 2-4】　设 $\boldsymbol{A},\boldsymbol{B}$ 为同阶可逆矩阵,则(　　).

A. $\boldsymbol{AB}=\boldsymbol{BA}$　　　　B. 存在可逆矩阵 $\boldsymbol{P}$,使 $\boldsymbol{P}^{-1}\boldsymbol{AP}=\boldsymbol{B}$

C. 存在可逆矩阵 $\boldsymbol{C}$,使 $\boldsymbol{C}^{\mathrm{T}}\boldsymbol{AC}=\boldsymbol{B}$　　　　D. 存在可逆矩阵 $\boldsymbol{P}$ 和 $\boldsymbol{Q}$,使 $\boldsymbol{PAQ}=\boldsymbol{B}$

【练习 2-5】　(2020 年)设矩阵 $\boldsymbol{A}$ 经初等列变换得 $\boldsymbol{B}$,则(　　).

A. 存在矩阵 $\boldsymbol{P}$,使得 $\boldsymbol{PA}=\boldsymbol{B}$　　　　B. 存在矩阵 $\boldsymbol{P}$,使得 $\boldsymbol{BP}=\boldsymbol{A}$

C. 存在矩阵 $\boldsymbol{P}$,使得 $\boldsymbol{PB}=\boldsymbol{A}$　　　　D. $\boldsymbol{AX}=\boldsymbol{O}$ 与 $\boldsymbol{BX}=\boldsymbol{O}$ 同解

【练习 2-6】　设

$$\boldsymbol{A}=\begin{pmatrix}a_{11}&a_{12}&a_{13}\\a_{21}&a_{22}&a_{23}\\a_{31}&a_{32}&a_{33}\end{pmatrix},\quad \boldsymbol{B}=\begin{pmatrix}a_{21}&a_{22}&a_{23}\\a_{11}&a_{12}&a_{13}\\a_{31}+a_{11}&a_{32}+a_{12}&a_{33}+a_{13}\end{pmatrix},$$

$$\boldsymbol{P}_1=\begin{pmatrix}0&1&0\\1&0&0\\0&0&1\end{pmatrix},\quad \boldsymbol{P}_2=\begin{pmatrix}1&0&0\\0&1&0\\1&0&1\end{pmatrix},$$

则必有(　　).

A. $\boldsymbol{AP}_1\boldsymbol{P}_2=\boldsymbol{B}$　　B. $\boldsymbol{AP}_2\boldsymbol{P}_1=\boldsymbol{B}$　　C. $\boldsymbol{P}_1\boldsymbol{P}_2\boldsymbol{A}=\boldsymbol{B}$　　D. $\boldsymbol{P}_2\boldsymbol{P}_1\boldsymbol{A}=\boldsymbol{B}$

【练习 2-7】　设 $\boldsymbol{A}$ 是 3 阶方阵,将 $\boldsymbol{A}$ 的第 1 列与第 2 列交换得 $\boldsymbol{B}$,再把 $\boldsymbol{B}$ 的第 2 列加到第 3 列得 $\boldsymbol{C}$,则满足 $\boldsymbol{AQ}=\boldsymbol{C}$ 的可逆矩阵 $\boldsymbol{Q}$ 为(　　).

A. $\begin{pmatrix}0&1&0\\1&0&0\\1&0&1\end{pmatrix}$　　B. $\begin{pmatrix}0&1&0\\1&0&1\\0&0&1\end{pmatrix}$　　C. $\begin{pmatrix}0&1&0\\1&0&0\\0&1&1\end{pmatrix}$　　D. $\begin{pmatrix}0&1&1\\1&0&0\\0&0&1\end{pmatrix}$

【练习 2-8】　设 $\boldsymbol{A}$ 为 3 阶矩阵,将 $\boldsymbol{A}$ 的第 2 行加到第 1 行得 $\boldsymbol{B}$,再将 $\boldsymbol{B}$ 的第 1 列的 -1 倍加到第 2 列得 $\boldsymbol{C}$,记

$$\boldsymbol{P}=\begin{pmatrix}1&1&0\\0&1&0\\0&0&1\end{pmatrix},$$

则（　　）.

A. $\boldsymbol{C}=\boldsymbol{P}^{-1}\boldsymbol{AP}$　　B. $\boldsymbol{C}=\boldsymbol{PAP}^{-1}$　　C. $\boldsymbol{C}=\boldsymbol{P}^{\mathrm{T}}\boldsymbol{AP}$　　D. $\boldsymbol{C}=\boldsymbol{PAP}^{\mathrm{T}}$

【练习 2-9】 设 $\boldsymbol{A}$ 是 n 阶可逆方阵，将 $\boldsymbol{A}$ 的第 i 行和第 j 行对换后得到的矩阵记为 $\boldsymbol{B}$.

(1) 证明 $\boldsymbol{B}$ 可逆；

(2) 求 $\boldsymbol{AB}^{-1}$.

第 3 章　矩阵的两步计算

§3.1 一代将星(两步计算 1)

知识梳理

1. 定义

两步计算　需要计算两次才能完成的计算,叫做两步计算.

特点　在两步计算的计算式中,包含 2 个计算符号.

2. 分类

表 3-1　两步计算的 4 种类型

类型	第 1 步	第 2 步	举例
1	单矩阵	单矩阵	$\|\boldsymbol{A}^{-1}\|$
2	双矩阵	双矩阵	$\boldsymbol{A}(\boldsymbol{B}+\boldsymbol{C})$
3	单矩阵	双矩阵	$\|\boldsymbol{A}\|\|\boldsymbol{B}\|$
4	双矩阵	单矩阵	$\|\boldsymbol{AB}\|$

注:类型 1 和类型 4 是重点,其共同点是第 2 步为单矩阵计算.

3. 公式(?+单矩阵)

表 3-2　两步计算的公式

序号	第 2 步 / 第 1 步	$\|\boldsymbol{A}\|$	$\boldsymbol{A}^{-1}$	$\boldsymbol{A}^{\mathrm{T}}$
1	$\|\boldsymbol{A}\|$			
2	$\boldsymbol{A}^{-1}$	$\|\boldsymbol{A}^{-1}\|=\dfrac{1}{\|\boldsymbol{A}\|}$	$(\boldsymbol{A}^{-1})^{-1}=\boldsymbol{A}$	$(\boldsymbol{A}^{-1})^{\mathrm{T}}=(\boldsymbol{A}^{\mathrm{T}})^{-1}$
3	$\boldsymbol{A}^{*}$	$\|\boldsymbol{A}^{*}\|=\|\boldsymbol{A}\|^{n-1}$	$(\boldsymbol{A}^{*})^{-1}=\dfrac{\boldsymbol{A}}{\|\boldsymbol{A}\|}$	
4	$\boldsymbol{A}^{\mathrm{T}}$	$\|\boldsymbol{A}^{\mathrm{T}}\|=\|\boldsymbol{A}\|$	$(\boldsymbol{A}^{\mathrm{T}})^{-1}=(\boldsymbol{A}^{-1})^{\mathrm{T}}$	$(\boldsymbol{A}^{\mathrm{T}})^{\mathrm{T}}=\boldsymbol{A}$

续　表

序号	第2步 / 第1步	$\lvert \boldsymbol{A} \rvert$	$\boldsymbol{A}^{-1}$	$\boldsymbol{A}^{\mathrm{T}}$
5	$R(\boldsymbol{A})$			
6	$\boldsymbol{A}+\boldsymbol{B}$			$(\boldsymbol{A}+\boldsymbol{B})^{\mathrm{T}}=\boldsymbol{A}^{\mathrm{T}}+\boldsymbol{B}^{\mathrm{T}}$
7	$k\boldsymbol{A}$	$\lvert k\boldsymbol{A}\rvert=k^n\lvert \boldsymbol{A}\rvert$	$(k\boldsymbol{A})^{-1}=\frac{1}{k}\boldsymbol{A}^{-1}$	$(k\boldsymbol{A})^{\mathrm{T}}=k\boldsymbol{A}^{\mathrm{T}}$
8	$\boldsymbol{AB}$	$\lvert \boldsymbol{AB}\rvert=\lvert \boldsymbol{A}\rvert\lvert \boldsymbol{B}\rvert$	$(\boldsymbol{AB})^{-1}=\boldsymbol{B}^{-1}\boldsymbol{A}^{-1}$	$(\boldsymbol{AB})^{\mathrm{T}}=\boldsymbol{B}^{\mathrm{T}}\boldsymbol{A}^{\mathrm{T}}$
9	$\boldsymbol{A}^k$	$\lvert \boldsymbol{A}^k\rvert=\lvert \boldsymbol{A}\rvert^k$		

例 3-1　(2010 年)设 $\boldsymbol{A}$，$\boldsymbol{B}$ 为 3 阶方阵，且 $\lvert \boldsymbol{A}\rvert=3$，$\lvert \boldsymbol{B}\rvert=2$，$\lvert \boldsymbol{A}^{-1}+\boldsymbol{B}\rvert=2$，则 $\lvert \boldsymbol{A}+\boldsymbol{B}^{-1}\rvert=$________.

解　$\lvert \boldsymbol{A}^{-1}+\boldsymbol{B}\rvert=\lvert \boldsymbol{A}^{-1}+\boldsymbol{EB}\rvert=\lvert \boldsymbol{A}^{-1}+\boldsymbol{A}^{-1}\boldsymbol{AB}\rvert=\lvert \boldsymbol{A}^{-1}(\boldsymbol{E}+\boldsymbol{AB})\rvert=\lvert \boldsymbol{A}^{-1}\rvert\lvert \boldsymbol{E}+\boldsymbol{AB}\rvert=\lvert \boldsymbol{A}\rvert^{-1}\lvert \boldsymbol{E}+\boldsymbol{AB}\rvert=2.$

又由于 $\lvert \boldsymbol{A}\rvert^{-1}=\frac{1}{3}$，有 $\lvert \boldsymbol{E}+\boldsymbol{AB}\rvert=6$，故

$$\begin{aligned}\lvert \boldsymbol{A}+\boldsymbol{B}^{-1}\rvert&=\lvert \boldsymbol{AE}+\boldsymbol{B}^{-1}\rvert=\lvert \boldsymbol{ABB}^{-1}+\boldsymbol{B}^{-1}\rvert=\lvert (\boldsymbol{AB}+\boldsymbol{E})\cdot\boldsymbol{B}^{-1}\rvert\\&=\lvert \boldsymbol{AB}+\boldsymbol{E}\rvert\cdot\lvert \boldsymbol{B}^{-1}\rvert=6\lvert \boldsymbol{B}\rvert^{-1}=6\times\frac{1}{2}=3.\end{aligned}$$

例 3-2　(2015 年)设矩阵

$$\boldsymbol{A}=\begin{pmatrix}a&1&0\\1&a&-1\\0&1&a\end{pmatrix},$$

且 $\boldsymbol{A}^3=\boldsymbol{O}$.

(1) 求 a 的值；

(2) 若矩阵 $\boldsymbol{X}$ 满足 $\boldsymbol{X}-\boldsymbol{XA}^2-\boldsymbol{AX}+\boldsymbol{AXA}^2=\boldsymbol{E}$，其中，$\boldsymbol{E}$ 为 3 阶单位矩阵，求 $\boldsymbol{X}$.

解　(1) 由于 $\boldsymbol{A}^3=\boldsymbol{O}$，故 $\lvert \boldsymbol{A}\rvert^3=0$，有 $\lvert \boldsymbol{A}\rvert=0$. 因此，

$$\lvert \boldsymbol{A}\rvert=\begin{vmatrix}a&1&0\\1&a&-1\\0&1&a\end{vmatrix}=\begin{vmatrix}0&1&0\\1-a^2&a&-1\\-a&1&a\end{vmatrix}=a^3=0,$$

则 $a=0$.

(2) 原式 $=\boldsymbol{X}(\boldsymbol{E}-\boldsymbol{A}^2)-\boldsymbol{AX}(\boldsymbol{E}-\boldsymbol{A}^2)=(\boldsymbol{X}-\boldsymbol{AX})(\boldsymbol{E}-\boldsymbol{A}^2)$
$=(\boldsymbol{E}-\boldsymbol{A})\boldsymbol{X}(\boldsymbol{E}-\boldsymbol{A}^2)=\boldsymbol{E}.$

$$\begin{aligned}\boldsymbol{X}&=(\boldsymbol{E}-\boldsymbol{A})^{-1}\boldsymbol{E}(\boldsymbol{E}-\boldsymbol{A}^2)^{-1}=(\boldsymbol{E}-\boldsymbol{A})^{-1}(\boldsymbol{E}-\boldsymbol{A}^2)^{-1}=[(\boldsymbol{E}-\boldsymbol{A}^2)(\boldsymbol{E}-\boldsymbol{A})]^{-1}\\&=(\boldsymbol{E}-\boldsymbol{A}^2-\boldsymbol{A}+\boldsymbol{A}^3)^{-1}=(\boldsymbol{E}-\boldsymbol{A}^2-\boldsymbol{A})^{-1}=\begin{pmatrix}0&-1&1\\-1&1&1\\-1&-1&2\end{pmatrix}^{-1}=\begin{pmatrix}3&1&-2\\1&1&-1\\2&1&-1\end{pmatrix}.\end{aligned}$$

例 3-3 已知 $\boldsymbol{A}$, $\boldsymbol{B}$ 为 3 阶矩阵,且满足 $2\boldsymbol{A}^{-1}\boldsymbol{B}=\boldsymbol{B}-4\boldsymbol{E}$,其中,$\boldsymbol{E}$ 是 3 阶单位矩阵.

(1) 证明:矩阵 $\boldsymbol{A}-2\boldsymbol{E}$ 可逆;

(2) 若

$$\boldsymbol{B}=\begin{pmatrix}1&-2&0\\1&2&0\\0&0&2\end{pmatrix},$$

求矩阵 $\boldsymbol{A}$.

证明 (1) 由于 $2\boldsymbol{A}^{-1}\boldsymbol{B}=\boldsymbol{B}-4\boldsymbol{E}$,两边左乘 $\boldsymbol{A}$,得

$$2\boldsymbol{B}=\boldsymbol{AB}-4\boldsymbol{A}. \quad ①$$

因此,$4\boldsymbol{A}=\boldsymbol{AB}-2\boldsymbol{B}=(\boldsymbol{A}-2\boldsymbol{E})\boldsymbol{B}$. 两边右乘 $\boldsymbol{A}^{-1}$,得 $4\boldsymbol{E}=(\boldsymbol{A}-2\boldsymbol{E})\boldsymbol{B}\boldsymbol{A}^{-1}$,有 $\dfrac{1}{4}(\boldsymbol{A}-2\boldsymbol{E})\boldsymbol{B}\boldsymbol{A}^{-1}=\boldsymbol{E}$,故 $\boldsymbol{A}-2\boldsymbol{E}$ 可逆,且 $(\boldsymbol{A}-2\boldsymbol{E})^{-1}=\dfrac{1}{4}\boldsymbol{B}\boldsymbol{A}^{-1}$.

(2) 由①式,得 $2\boldsymbol{B}=\boldsymbol{A}(\boldsymbol{B}-4\boldsymbol{E})$.

$$\boldsymbol{A}=2\boldsymbol{B}(\boldsymbol{B}-4\boldsymbol{E})^{-1}=2\begin{pmatrix}1&-2&0\\1&2&0\\0&0&2\end{pmatrix}\begin{pmatrix}-3&-2&0\\1&-2&0\\0&0&-2\end{pmatrix}^{-1}$$

$$=2\begin{pmatrix}1&-2&0\\1&2&0\\0&0&2\end{pmatrix}\begin{pmatrix}-\frac{1}{4}&-\frac{1}{4}&0\\-\frac{1}{8}&-\frac{3}{8}&0\\0&0&-\frac{1}{2}\end{pmatrix}=\begin{pmatrix}0&2&0\\-1&-1&0\\0&0&-2\end{pmatrix}.$$

例 3-4 设 3 阶方阵 $\boldsymbol{A}$, $\boldsymbol{B}$ 满足 $\boldsymbol{A}^2\boldsymbol{B}-\boldsymbol{A}-\boldsymbol{B}=\boldsymbol{E}$,其中,$\boldsymbol{E}$ 为 3 阶单位矩阵,若

$$\boldsymbol{A}=\begin{pmatrix}1&0&1\\0&2&0\\-2&0&1\end{pmatrix},$$

则 $|\boldsymbol{B}|=$________.

解 由于 $\boldsymbol{A}^2\boldsymbol{B}-\boldsymbol{A}-\boldsymbol{B}=\boldsymbol{E}$,有 $(\boldsymbol{A}^2-\boldsymbol{E})\boldsymbol{B}=\boldsymbol{A}+\boldsymbol{E}$,

$$(\boldsymbol{A}+\boldsymbol{E})(\boldsymbol{A}-\boldsymbol{E})\boldsymbol{B}=\boldsymbol{A}+\boldsymbol{E}, \quad ①$$

$$|\boldsymbol{A}+\boldsymbol{E}|=\begin{vmatrix}2&0&1\\0&3&0\\-2&0&2\end{vmatrix}=3\times(-1)^{2+2}\begin{vmatrix}2&1\\-2&2\end{vmatrix}=3\times(4+2)=18\neq 0,$$

故 $\boldsymbol{A}+\boldsymbol{E}$ 可逆.

①式两端左乘 $(\boldsymbol{A}+\boldsymbol{E})^{-1}$,得 $(\boldsymbol{A}-\boldsymbol{E})\boldsymbol{B}=\boldsymbol{E}$, $\boldsymbol{B}=(\boldsymbol{A}-\boldsymbol{E})^{-1}$. 因此,

$$|\boldsymbol{B}|=|\boldsymbol{A}-\boldsymbol{E}|^{-1}=\begin{vmatrix}0&0&1\\0&1&0\\-2&0&0\end{vmatrix}^{-1}=2^{-1}=\frac{1}{2}.$$

例 3-5 （2013 年）设 $\boldsymbol{A}=(a_{ij})$ 是 3 阶非零矩阵，$|\boldsymbol{A}|$ 为 $\boldsymbol{A}$ 的行列式，$\boldsymbol{A}_{ij}$ 为 a_{ij} 的代数余子式. 若 $a_{ij}+\boldsymbol{A}_{ij}=0(i, j=1, 2, 3)$，则 $|\boldsymbol{A}|=$________.

解 代数余子式和降阶公式以及 $\boldsymbol{A}^*$ 有关.

$$\boldsymbol{A}^*=\begin{pmatrix}A_{11}&A_{21}&A_{31}\\A_{12}&A_{22}&A_{32}\\A_{13}&A_{23}&A_{33}\end{pmatrix}=\begin{pmatrix}-a_{11}&-a_{21}&-a_{31}\\-a_{12}&-a_{22}&-a_{32}\\-a_{13}&-a_{23}&-a_{33}\end{pmatrix}=-\boldsymbol{A}^{\mathrm{T}},$$

故 $|\boldsymbol{A}^*|=|-\boldsymbol{A}^{\mathrm{T}}|$，$|\boldsymbol{A}|^2=(-1)^3|\boldsymbol{A}^{\mathrm{T}}|=-|\boldsymbol{A}|$，$|\boldsymbol{A}|^2+|\boldsymbol{A}|=0$，$|\boldsymbol{A}|(|\boldsymbol{A}|+1)=0$，有 $|\boldsymbol{A}|=0$ 或 -1.

当 $|\boldsymbol{A}|=0$ 时，$|\boldsymbol{A}|=a_{11}A_{11}+a_{12}A_{12}+a_{13}A_{13}=-a_{11}^2-a_{12}^2-a_{13}^2=-(a_{11}^2+a_{12}^2+a_{13}^2)=0$，有

$$a_{11}=a_{12}=a_{13}=0.$$

同理，可得

$$a_{21}=a_{22}=a_{23}=0,\ a_{31}=a_{32}=a_{33}=0.$$

所以 $\boldsymbol{A}=\boldsymbol{O}$，不合题意，舍去.

$|\boldsymbol{A}|=-1$.

小结 看到代数余子式 A_{ij} 时，要想到两件事情：

(1) $|\boldsymbol{A}|$ 的降阶公式；

(2) $\boldsymbol{A}^*$ 的定义.

简称："一代将星".

视频 3-1 "一代将星"

图 3-1 "一代将星"

课堂练习

【练习 3-1】 设

$$A=\begin{pmatrix}a_{11}&a_{12}&a_{13}&a_{14}\\a_{21}&a_{22}&a_{23}&a_{24}\\a_{31}&a_{32}&a_{33}&a_{34}\\a_{41}&a_{42}&a_{43}&a_{44}\end{pmatrix},\quad B=\begin{pmatrix}a_{14}&a_{13}&a_{12}&a_{11}\\a_{24}&a_{23}&a_{22}&a_{21}\\a_{34}&a_{33}&a_{32}&a_{31}\\a_{44}&a_{43}&a_{42}&a_{41}\end{pmatrix},$$

$$P_1=\begin{pmatrix}0&0&0&1\\0&1&0&0\\0&0&1&0\\1&0&0&0\end{pmatrix},\quad P_2=\begin{pmatrix}1&0&0&0\\0&0&1&0\\0&1&0&0\\0&0&0&1\end{pmatrix},$$

其中,$\boldsymbol{A}$ 可逆,则 $\boldsymbol{B}^{-1}$ 等于(　　).

A. $A^{-1}P_1P_2$　　B. $P_1A^{-1}P_2$

C. $P_1P_2A^{-1}$　　D. $P_2A^{-1}P_1$

【练习 3-2】 设矩阵 $A=(a_{ij})_{3\times3}$ 满足 $A^*=A^{\mathrm{T}}$,其中,A^* 为 A 的伴随矩阵,A^{T} 为 A 的转置矩阵. 若 a_{11}, a_{12}, a_{13} 为 3 个相等的正数,则 a_{11} 为(　　).

A. $\dfrac{\sqrt{3}}{3}$　　B. 3

C. $\dfrac{1}{3}$　　D. $\sqrt{3}$

【练习 3-3】 设 A 和 B 都是 $n\times n$ 矩阵,则必有(　　).

A. $|A+B|=|A|+|B|$　　B. $AB=BA$

C. $|AB|=|BA|$　　D. $(A+B)^{-1}=A^{-1}+B^{-1}$

【练习 3-4】 设 A 与 B 为 n 阶矩阵,且 $AB=O$,则必有(　　).

A. $A=O$ 或 $B=O$　　B. $AB=BA$

C. $|A|=0$ 或 $|B|=0$　　D. $|A|+|B|=0$

【练习 3-5】 设 A 为 $n(n\geqslant2)$ 阶可逆矩阵,交换 A 的第 1 行与第 2 行得矩阵 B, A^* 和 B^* 分别为 A 和 B 的伴随矩阵,则(　　).

A. 交换 A^* 的第 1 列与第 2 列得 B^*　　B. 交换 A^* 的第 1 行与第 2 行得 B^*

C. 交换 A^* 的第 1 列与第 2 列得 $-B^*$　　D. 交换 A^* 的第 1 行与第 2 行得 $-B^*$

【练习 3-6】 设 A 为 n 阶方阵,且 A 的行列式 $|A|=a\neq0$,而 A^* 是 A 的伴随矩阵,则 $|A^*|$ 等于(　　).

A. a　　B. $\dfrac{1}{a}$

C. a^{n-1}　　D. a^n

【练习 3-7】 设矩阵

$$A=\begin{pmatrix}2&1&0\\1&2&0\\0&0&1\end{pmatrix},$$

矩阵 B 满足 $ABA^*=2BA^*+E$,其中,A^* 为 A 的伴随矩阵,E 是单位矩阵,则 $|B|=$________.

【练习 3-8】 设矩阵

$$A=\begin{pmatrix}2 & 1\\ -1 & 2\end{pmatrix},$$

E 为 2 阶单位矩阵,矩阵 B 满足 $BA=B+2E$,则 $|B|=$________.

【练习 3-9】 已知 3 阶矩阵 A 的逆矩阵为

$$A^{-1}=\begin{pmatrix}1 & 1 & 1\\ 1 & 2 & 1\\ 1 & 1 & 3\end{pmatrix},$$

试求其伴随矩阵 A^* 的逆矩阵.

【练习 3-10】 设 A 是 3 阶方阵,A^* 是 A 的伴随矩阵,A 的行列式 $|A|=\dfrac{1}{2}$,求行列式 $|(3A)^{-1}-2A^*|$ 的值.

【练习 3-11】 设 A 为 n 阶矩阵,满足 $AA^{\mathrm{T}}=E$,其中,E 是 n 阶单位矩阵,A^{T} 是 A 的转置矩阵,$|A|<0$,求 $|A+E|$.

【练习 3-12】 已知矩阵

$$A=\begin{pmatrix}1 & 1 & -1\\ 0 & 1 & 1\\ 0 & 0 & -1\end{pmatrix},$$

且 $A^2-AB=E$,其中,E 是 3 阶单位矩阵,求矩阵 B.

【练习 3-13】 设 $(2E-C^{-1}B)A^{\mathrm{T}}=C^{-1}$,其中,$E$ 是 4 阶单位矩阵,A^{T} 是 4 阶矩阵 A 的转置矩阵,

$$B=\begin{pmatrix}1 & 2 & -3 & -2\\ 0 & 1 & 2 & -3\\ 0 & 0 & 1 & 2\\ 0 & 0 & 0 & 1\end{pmatrix},\quad C=\begin{pmatrix}1 & 2 & 0 & 1\\ 0 & 1 & 2 & 0\\ 0 & 0 & 1 & 2\\ 0 & 0 & 0 & 1\end{pmatrix},$$

求 A.

【练习 3-14】 设矩阵

$$A=\begin{pmatrix}1 & 1 & -1\\ -1 & 1 & 1\\ 1 & -1 & 1\end{pmatrix},$$

矩阵 X 满足 $A^*X=A^{-1}+2X$,其中,A^* 是 A 的伴随矩阵,求矩阵 X.

【练习 3-15】 已知矩阵

$$A=\begin{pmatrix}1 & 0 & 0\\ 1 & 1 & 0\\ 1 & 1 & 1\end{pmatrix},\quad B=\begin{pmatrix}0 & 1 & 1\\ 1 & 0 & 1\\ 1 & 1 & 0\end{pmatrix},$$

且矩阵 X 满足 $AXA+BXB=AXB+BXA+E$,其中,E 是 3 阶单位矩阵,求 X.

§3.2 并集与交集(两步计算 2)

知识梳理

1. 相关定义

独立向量　线性无关的向量,叫做独立向量.

导出向量　由独立向量通过乘加的关系推导出的向量,叫做导出向量.

矩阵中的向量　矩阵的所有行向量,不是独立向量,就是导出向量;

矩阵的所有列向量,不是独立向量,就是导出向量.

同一个矩阵,其行向量中独立向量的个数,等于其列向量中独立向量的个数.

2. 回顾

独立公式　矩阵的秩等于矩阵的行(或列)向量中所有独立向量的个数,即

$$R(\boldsymbol{A})=n_{\text{独}}.$$

注意　矩阵的秩可以从向量的角度去理解.

3. 基本公式

(1) $R(\boldsymbol{A}_{m\times n})\leqslant m$,且 $R(\boldsymbol{A}_{m\times n})\leqslant n$.

(2) 若矩阵 $\boldsymbol{A}$ 和 $\boldsymbol{B}$ 等价,则 $R(\boldsymbol{A})=R(\boldsymbol{B})$.

(3) 若 $\boldsymbol{P}$ 可逆,则 $R(\boldsymbol{PA})=R(\boldsymbol{A})$;

若 $\boldsymbol{Q}$ 可逆,则 $R(\boldsymbol{AQ})=R(\boldsymbol{A})$;

若 $\boldsymbol{P}$, $\boldsymbol{Q}$ 可逆,则 $R(\boldsymbol{PAQ})=R(\boldsymbol{A})$.

(4) $R(\boldsymbol{A})=0\Leftrightarrow\boldsymbol{A}=\boldsymbol{O}$.

4. 其他公式(?+秩)

表 3-3　两步计算的其他公式

序号	第 1 步	第 2 步:$R(\boldsymbol{A})$
1	$\lvert\boldsymbol{A}\rvert$	
2	$\boldsymbol{A}^{-1}$	$R(\boldsymbol{A}^{-1})=n$
3	$\boldsymbol{A}^{*}$	$R(\boldsymbol{A}^{*})=\begin{cases}n, & R(\boldsymbol{A})=n\\1, & R(\boldsymbol{A})=n-1\\0, & R(\boldsymbol{A})<n-1\end{cases}$
4	$\boldsymbol{A}^{\mathrm{T}}$	$R(\boldsymbol{A}^{\mathrm{T}})=R(\boldsymbol{A})=R(\boldsymbol{A}^{\mathrm{T}}\boldsymbol{A})=R(\boldsymbol{A}\boldsymbol{A}^{\mathrm{T}})$
5	$R(\boldsymbol{A})$	
6	$\boldsymbol{A}+\boldsymbol{B}$	$R(\boldsymbol{A}+\boldsymbol{B})\leqslant R(\boldsymbol{A})+R(\boldsymbol{B})$
7	$k\boldsymbol{A}(k\neq0)$	$R(k\boldsymbol{A})=R(\boldsymbol{A})$

续 表

序号	第1步	第2步:$R(\boldsymbol{A})$
8	$\boldsymbol{AB}$	$R(\boldsymbol{AB})\leqslant R(\boldsymbol{A})$ 且 $R(\boldsymbol{AB})\leqslant R(\boldsymbol{B})$
9	$\boldsymbol{A}^k$	
拼接	$(\boldsymbol{A},\boldsymbol{B})$	$R(\boldsymbol{A},\boldsymbol{B})\leqslant R(\boldsymbol{A})+R(\boldsymbol{B})$ 且 $R(\boldsymbol{A},\boldsymbol{B})\geqslant R(\boldsymbol{A})$ 且 $R(\boldsymbol{A},\boldsymbol{B})\geqslant R(\boldsymbol{B})$

例 3-6 (2016年)设矩阵

$$\begin{pmatrix} a & -1 & -1 \\ -1 & a & -1 \\ -1 & -1 & a \end{pmatrix} \quad 与 \quad \begin{pmatrix} 1 & 1 & 0 \\ 0 & -1 & 1 \\ 1 & 0 & 1 \end{pmatrix}$$

等价,则 $a=$________.

解 口诀:"秩独梯".

矩阵

$$\begin{pmatrix} a & -1 & -1 \\ -1 & a & -1 \\ -1 & -1 & a \end{pmatrix} \quad 和 \quad \begin{pmatrix} 1 & 1 & 0 \\ 0 & -1 & 1 \\ 1 & 0 & 1 \end{pmatrix}$$

分别记作矩阵 $\boldsymbol{A}$、矩阵 $\boldsymbol{B}$. 由于 $\boldsymbol{A}$ 与 $\boldsymbol{B}$ 等价,$R(\boldsymbol{A})=R(\boldsymbol{B})$.

$$\boldsymbol{B}=\begin{pmatrix} 1 & 1 & 0 \\ 0 & -1 & 1 \\ 1 & 0 & 1 \end{pmatrix} \to \begin{pmatrix} 1 & 1 & 0 \\ 0 & -1 & 1 \\ 0 & -1 & 1 \end{pmatrix} \to \begin{pmatrix} 1 & 1 & 0 \\ 0 & -1 & 1 \\ 0 & 0 & 0 \end{pmatrix},$$

故 $R(\boldsymbol{B})=2$, $R(\boldsymbol{A})=2$. $|\boldsymbol{A}|=0$,

$$|\boldsymbol{A}|=\begin{vmatrix} a & -1 & -1 \\ -1 & a & -1 \\ -1 & -1 & a \end{vmatrix}=0,$$

故 $a=2$ 或 $a=-1$.

当 $a=-1$ 时,

$$\boldsymbol{A}=\begin{vmatrix} -1 & -1 & -1 \\ -1 & -1 & -1 \\ -1 & -1 & -1 \end{vmatrix},$$

故 $R(\boldsymbol{A})=1$(舍去),则 $a=2$.

例 3-7 (2010年)设 $\boldsymbol{A}$ 为 $m\times n$ 矩阵,$\boldsymbol{B}$ 为 $n\times m$ 矩阵,$\boldsymbol{E}$ 为 m 阶单位矩阵. 若

$\boldsymbol{AB}=\boldsymbol{E}$，则(　　).

A. $R(\boldsymbol{A})=m$，$R(\boldsymbol{B})=m$　　B. $R(\boldsymbol{A})=m$，$R(\boldsymbol{B})=n$

C. $R(\boldsymbol{A})=n$，$R(\boldsymbol{B})=m$　　D. $R(\boldsymbol{A})=n$，$R(\boldsymbol{B})=n$

解　$R(\boldsymbol{AB})\leqslant R(\boldsymbol{A})$，且 $R(\boldsymbol{AB})\leqslant R(\boldsymbol{B})$.

由于 $\boldsymbol{AB}=\boldsymbol{E}$，$R(\boldsymbol{AB})=R(\boldsymbol{E})=m$.

$m\leqslant R(\boldsymbol{A})$ 且 $m\leqslant R(\boldsymbol{B})$，则 $R(\boldsymbol{A})\geqslant m$ 且 $R(\boldsymbol{B})\geqslant m$.

由于 $R(\boldsymbol{A})\leqslant\min\{m, n\}\leqslant m$，且 $R(\boldsymbol{B})\leqslant\min\{m, n\}\leqslant m$，故 $R(\boldsymbol{A})=m$，$R(\boldsymbol{B})=m$，A 选项正确.

例 3-8　设 $\boldsymbol{A}$ 为 n 阶矩阵，证明：$R(\boldsymbol{A}+\boldsymbol{E})+R(\boldsymbol{A}-\boldsymbol{E})\geqslant n$.

分析　$R(\boldsymbol{A}+\boldsymbol{B})\leqslant R(\boldsymbol{A})+R(\boldsymbol{B})$.

证明　$(\boldsymbol{A}+\boldsymbol{E})+(\boldsymbol{E}-\boldsymbol{A})=2\boldsymbol{E}$，$R(2\boldsymbol{E})\leqslant R(\boldsymbol{A}+\boldsymbol{E})+R(\boldsymbol{E}-\boldsymbol{A})$.

由于 $R(2\boldsymbol{E})=R(\boldsymbol{E})=n$，$R(\boldsymbol{A}+\boldsymbol{E})+R(\boldsymbol{E}-\boldsymbol{A})\geqslant n$.

又由于 $R(\boldsymbol{E}-\boldsymbol{A})=R(\boldsymbol{A}-\boldsymbol{E})$，$R(\boldsymbol{A}+\boldsymbol{E})+R(\boldsymbol{A}-\boldsymbol{E})\geqslant n$.

课堂练习

【练习 3-16】　设 $\boldsymbol{A}$ 是 $m\times n$ 矩阵，$\boldsymbol{C}$ 是 n 阶可逆矩阵，矩阵 $\boldsymbol{A}$ 的秩为 r，矩阵 $\boldsymbol{B}=\boldsymbol{AC}$ 的秩为 r_1，则(　　).

A. $r>r_1$　　B. $r<r_1$

C. $r=r_1$　　D. r 与 r_1 的关系由 $\boldsymbol{C}$ 而定

【练习 3-17】　设 $\boldsymbol{A}$ 是 $m\times n$ 矩阵，$\boldsymbol{B}$ 是 $n\times m$ 矩阵，则(　　).

A. 当 $m>n$ 时，必有行列式 $|\boldsymbol{AB}|\neq 0$　　B. 当 $m>n$ 时，必有行列式 $|\boldsymbol{AB}|=0$

C. 当 $n>m$ 时，必有行列式 $|\boldsymbol{AB}|\neq 0$　　D. 当 $n>m$ 时，必有行列式 $|\boldsymbol{AB}|=0$

【练习 3-18】　设 $n(n\geqslant 3)$ 阶矩阵

$$\boldsymbol{A}=\begin{pmatrix} 1 & a & a & \cdots & a \\ a & 1 & a & \cdots & a \\ a & a & 1 & \cdots & a \\ \vdots & \vdots & \vdots & & \vdots \\ a & a & a & \cdots & 1 \end{pmatrix},$$

若矩阵 $\boldsymbol{A}$ 的秩为 $n-1$，则 a 必为(　　).

A. 1　　B. $\dfrac{1}{1-n}$　　C. -1　　D. $\dfrac{1}{n-1}$

【练习 3-19】　设 3 阶矩阵

$$\boldsymbol{A}=\begin{pmatrix} a & b & b \\ b & a & b \\ b & b & a \end{pmatrix},$$

若 $\boldsymbol{A}$ 的伴随矩阵的秩为 1，则必有(　　).

A. $a=b$ 或 $a+2b=0$　　　　B. $a=b$ 或 $a+2b\neq 0$

C. $a\neq b$ 且 $a+2b=0$　　　　D. $a\neq b$ 且 $a+2b\neq 0$

【练习 3-20】 设 $\boldsymbol{A}$ 是 4×3 矩阵，且 $\boldsymbol{A}$ 的秩 $R(\boldsymbol{A})=2$，而

$$\boldsymbol{B}=\begin{pmatrix}1&0&2\\0&2&0\\-1&0&3\end{pmatrix},$$

则 $R(\boldsymbol{AB})=$________.

【练习 3-21】 设矩阵

$$\boldsymbol{A}=\begin{pmatrix}a_1b_1&a_1b_2&\cdots&a_1b_n\\a_2b_1&a_2b_2&\cdots&a_2b_n\\\vdots&\vdots&&\vdots\\a_nb_1&a_nb_2&\cdots&a_nb_n\end{pmatrix},$$

其中，$a_i\neq 0$，$b_i\neq 0$，$i=1,2,\cdots,n$，则矩阵 $\boldsymbol{A}$ 的秩 $R(\boldsymbol{A})=$________.

【练习 3-22】 设 4 阶方阵 $\boldsymbol{A}$ 的秩为 2，则其伴随矩阵 $\boldsymbol{A}^*$ 的秩为________.

§ 3.3 首富的悲剧(特殊矩阵)

知识梳理

1. 特殊方阵

(1) $\boldsymbol{E}$；

(2) $\boldsymbol{E}_{12}$；

(3) 对称矩阵；

(4) 对角矩阵；

(5) 分块对角矩阵；

(6) 正交矩阵.

视频 3-2 “2$\boldsymbol{E}$　3 对　1 正”

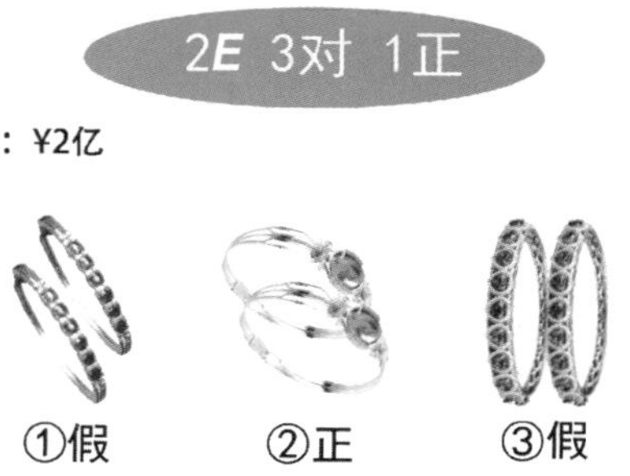

图 3-2 “2$\boldsymbol{E}$　3 对　1 正”

简称："$2E$，3 对，1 正".

审题之前，要先判断题目中有没有"特殊方阵".

2. $2E$——$\boldsymbol{E}$

(1) 定义.

$$\boldsymbol{E}=\begin{pmatrix}1&0&0\\0&1&0\\0&0&1\end{pmatrix}，以 3 阶为例.$$

(2) 公式.

表 3-4　$2E$——$\boldsymbol{E}$ 的公式

序号	计算类型	$\boldsymbol{E}$
1	$\lvert\boldsymbol{A}\rvert$	$\lvert\boldsymbol{E}\rvert=1$
2	$\boldsymbol{A}^{-1}$	$\boldsymbol{E}^{-1}=\boldsymbol{E}$
3	$\boldsymbol{A}^{*}$	$\boldsymbol{E}^{*}=\lvert\boldsymbol{E}\rvert\cdot\boldsymbol{E}^{-1}=\boldsymbol{E}$
4	$\boldsymbol{A}^{\mathrm{T}}$	$\boldsymbol{E}^{\mathrm{T}}=\boldsymbol{E}$
5	$R(\boldsymbol{A})$	$R(\boldsymbol{E})=n$
6	$\boldsymbol{A}+\boldsymbol{B}$	/
7	$k\boldsymbol{A}$	$k\boldsymbol{E}=\begin{pmatrix}k&0&0\\0&k&0\\0&0&k\end{pmatrix}$，以 3 阶为例
8	$\boldsymbol{AB}$	$\boldsymbol{AE}=\boldsymbol{EA}=\boldsymbol{A}$
9	$\boldsymbol{A}^{k}(k>0)$	$\boldsymbol{E}^{k}=\boldsymbol{E}$

3. $2E$——$\boldsymbol{E}_{12}$

(1) 定义.

$$\boldsymbol{E}_{12}=\begin{pmatrix}0&1&0\\1&0&0\\0&0&1\end{pmatrix}，以 3 阶为例.$$

(2) 公式.

表 3-5　$2E$——$\boldsymbol{E}_{12}$ 的公式

序号	计算类型	$\boldsymbol{E}_{12}$
1	$\lvert\boldsymbol{A}\rvert$	$\lvert\boldsymbol{E}_{12}\rvert=-1$
2	$\boldsymbol{A}^{-1}$	$\boldsymbol{E}_{12}^{-1}=\boldsymbol{E}_{12}$
3	$\boldsymbol{A}^{*}$	$\boldsymbol{E}_{12}^{*}=-\boldsymbol{E}_{12}$

续 表

序号	计算类型	$\boldsymbol{E}_{12}$
4	$\boldsymbol{A}^{\mathrm{T}}$	$\boldsymbol{E}_{12}^{\mathrm{T}}=\boldsymbol{E}_{12}$
5	$R(\boldsymbol{A})$	$R(\boldsymbol{E}_{12})=R(\boldsymbol{E})=n$
6	$\boldsymbol{A}+\boldsymbol{B}$	/
7	$k\boldsymbol{A}$	/
8	$\boldsymbol{AB}$	$\boldsymbol{E}_{12}\boldsymbol{A}$ 表示将 $\boldsymbol{A}$ 矩阵的第 1 行与第 2 行互换 $\boldsymbol{AE}_{12}$ 表示将 $\boldsymbol{A}$ 矩阵的第 1 列与第 2 列互换
9	$\boldsymbol{A}^k$	$\boldsymbol{E}_{12}^k=\boldsymbol{E}_{12}^k\cdot\boldsymbol{E}$ 表示将 $\boldsymbol{E}$ 矩阵的第 1 行与第 2 行互换 k 次

4. 3 对——对称矩阵

定义 以主对角线为轴，两边的元素呈对称分布，这样的矩阵叫做对称矩阵. 例如，

$$\begin{pmatrix}1&3&5\\3&1&2\\5&2&1\end{pmatrix}.$$

定义式 $\boldsymbol{A}^{\mathrm{T}}=\boldsymbol{A}$.

观察方法 将主对角线竖起来，观察两边的元素是否左右对称. 例如，

$$\begin{pmatrix}1&3&5\\3&1&2\\5&2&1\end{pmatrix}.$$

最简单的对称矩阵 $\boldsymbol{E}$ 和 $\boldsymbol{E}_{12}$，

$$\boldsymbol{E}=\begin{pmatrix}1&0&0\\0&1&0\\0&0&1\end{pmatrix},\quad \boldsymbol{E}_{12}=\begin{pmatrix}0&1&0\\1&0&0\\0&0&1\end{pmatrix}.$$

5. 3 对——对角矩阵

(1) 定义.

$$\boldsymbol{\Lambda}=\begin{pmatrix}\lambda_1&0&0\\0&\lambda_2&0\\0&0&\lambda_3\end{pmatrix}，以 3 阶为例.$$

最简单的对角阵 $\boldsymbol{E}$.

(2) 公式.

表 3-6　3 对——对角矩阵的公式

序号	计算类型	$\boldsymbol{\Lambda}$
1	$\|\boldsymbol{A}\|$	$\|\boldsymbol{\Lambda}\|=\lambda_1\lambda_2\lambda_3$
2	$\boldsymbol{A}^{-1}$	$\boldsymbol{\Lambda}^{-1}=\begin{pmatrix}\lambda_1^{-1}&0&0\\0&\lambda_2^{-1}&0\\0&0&\lambda_3^{-1}\end{pmatrix}$
3	$\boldsymbol{A}^*$	$\boldsymbol{\Lambda}^*=\|\boldsymbol{\Lambda}\|\cdot\boldsymbol{\Lambda}^{-1}$
4	$\boldsymbol{A}^{\mathrm{T}}$	$\boldsymbol{\Lambda}^{\mathrm{T}}=\boldsymbol{\Lambda}$
5	$R(\boldsymbol{A})$	$R(\boldsymbol{\Lambda})=\lambda_1,\lambda_2,\lambda_3$ 中非零数的个数
6	$\boldsymbol{A}+\boldsymbol{B}$	$\boldsymbol{A}+\boldsymbol{\Lambda}=\begin{pmatrix}a_{11}+\lambda_1&a_{12}&a_{13}\\a_{21}&a_{22}+\lambda_2&a_{23}\\a_{31}&a_{32}&a_{33}+\lambda_3\end{pmatrix}$
7	$k\boldsymbol{A}$	$k\boldsymbol{\Lambda}=\begin{pmatrix}k\lambda_1&0&0\\0&k\lambda_2&0\\0&0&k\lambda_3\end{pmatrix}$
8	$\boldsymbol{AB}$	/
9	$\boldsymbol{A}^k$	$\boldsymbol{\Lambda}^k=\begin{pmatrix}\lambda_1^k&0&0\\0&\lambda_2^k&0\\0&0&\lambda_3^k\end{pmatrix}$

6. 3 对——分块对角矩阵

（1）定义.

$$\boldsymbol{A}_{m\times m},\ \boldsymbol{B}_{n\times n},$$
$$\boldsymbol{G}=\begin{pmatrix}\boldsymbol{A}&\boldsymbol{O}\\\boldsymbol{O}&\boldsymbol{B}\end{pmatrix},\quad \boldsymbol{H}=\begin{pmatrix}\boldsymbol{O}&\boldsymbol{A}\\\boldsymbol{B}&\boldsymbol{O}\end{pmatrix}.$$

（2）公式.

表 3-7　3 对——分块对角矩阵的公式

序号	计算类型	$\boldsymbol{G}=\begin{pmatrix}\boldsymbol{A}&\boldsymbol{O}\\\boldsymbol{O}&\boldsymbol{B}\end{pmatrix}$	$\boldsymbol{H}=\begin{pmatrix}\boldsymbol{O}&\boldsymbol{A}\\\boldsymbol{B}&\boldsymbol{O}\end{pmatrix}$
1	$\|\boldsymbol{A}\|$	$\|\boldsymbol{G}\|=\|\boldsymbol{A}\|\|\boldsymbol{B}\|$	$\|\boldsymbol{H}\|=(-1)^{mn}\|\boldsymbol{A}\|\|\boldsymbol{B}\|$
2	$\boldsymbol{A}^{-1}$	$\boldsymbol{G}^{-1}=\begin{pmatrix}\boldsymbol{A}^{-1}&\boldsymbol{O}\\\boldsymbol{O}&\boldsymbol{B}^{-1}\end{pmatrix}$	$\boldsymbol{H}^{-1}=\begin{pmatrix}\boldsymbol{O}&\boldsymbol{B}^{-1}\\\boldsymbol{A}^{-1}&\boldsymbol{O}\end{pmatrix}$
3	$\boldsymbol{A}^*$	$\boldsymbol{G}^*=\|\boldsymbol{G}\|\cdot\boldsymbol{G}^{-1}$	$\boldsymbol{H}^*=\|\boldsymbol{H}\|\cdot\boldsymbol{H}^{-1}$

续 表

序号	计算类型	$G=\begin{pmatrix}A & O\\ O & B\end{pmatrix}$	$H=\begin{pmatrix}O & A\\ B & O\end{pmatrix}$
4	A^T	$G^T=\begin{pmatrix}A^T & O\\ O & B^T\end{pmatrix}$	$H^T=\begin{pmatrix}O & B^T\\ A^T & O\end{pmatrix}$
5	$R(A)$	$R(G)=R(A)+R(B)$	$R(H)=R(A)+R(B)$
6	$A+B$	/	/
7	kA	$kG=\begin{pmatrix}kA & O\\ O & kB\end{pmatrix}$	$kH=\begin{pmatrix}O & kA\\ kB & O\end{pmatrix}$
8	AB	/	/
9	A^k	$G^k=\begin{pmatrix}A^k & O\\ O & B^k\end{pmatrix}$	/

7. 1正——正交矩阵

(1) 定义.

定义式 1 $A^TA=AA^T=E$.

定义式 2 $A^{-1}=A^T$.

最简单的正交矩阵 E 和 E_{12}.

(2) 公式.

表 3-8 1正——正交矩阵的公式

序号	计算类型	
1	$\lvert A\rvert$	$\lvert A\rvert=\pm1$
2	A^{-1}	$A^{-1}=A^T$
3	A^*	$A^*=\pm A^T$
4	A^T	/
5	$R(A)$	$R(A)=n$
6	$A+B$	/
7	kA	/
8	AB	/
9	A^k	/

例 3-9 (2013 年)设 $A=(a_{ij})$ 是 3 阶非零矩阵，$\lvert A\rvert$ 为 A 的行列式，A_{ij} 为 a_{ij} 的代

数余子式. 若 $a_{ij}+A_{ij}=0$, i, $j=1$, 2, 3,则 $|\boldsymbol{A}|=$________.

解　口诀:"一代将星".

$$\boldsymbol{A}^{*}=\begin{pmatrix}A_{11} & A_{21} & A_{31}\\ A_{12} & A_{22} & A_{32}\\ A_{13} & A_{23} & A_{33}\end{pmatrix}=\begin{pmatrix}-a_{11} & -a_{21} & -a_{31}\\ -a_{12} & -a_{22} & -a_{32}\\ -a_{13} & -a_{23} & -a_{33}\end{pmatrix}=-\boldsymbol{A}^{\mathrm{T}}.$$

所以, $|\boldsymbol{A}^{*}|=|-\boldsymbol{A}^{\mathrm{T}}|$, $|\boldsymbol{A}|^{2}=(-1)^{3}|\boldsymbol{A}^{\mathrm{T}}|=-|\boldsymbol{A}|$, $|\boldsymbol{A}|^{2}+|\boldsymbol{A}|=0$, $|\boldsymbol{A}|(|\boldsymbol{A}|+1)=0$,有 $|\boldsymbol{A}|=0$ 或 -1.

① $|\boldsymbol{A}|=0$ 时,设

$$\boldsymbol{A}=\begin{pmatrix}1 & 0 & 0\\ 0 & 0 & 0\\ 0 & 0 & 0\end{pmatrix}.$$

用定义法求 $\boldsymbol{A}^{*}$,

$$\boldsymbol{A}^{*}=\begin{pmatrix}0 & 0 & 0\\ 0 & 0 & 0\\ 0 & 0 & 0\end{pmatrix},\quad \boldsymbol{A}^{\mathrm{T}}=\begin{pmatrix}1 & 0 & 0\\ 0 & 0 & 0\\ 0 & 0 & 0\end{pmatrix},$$

故 $\boldsymbol{A}^{*}\neq-\boldsymbol{A}^{\mathrm{T}}$,舍去.

② $|\boldsymbol{A}|=-1$ 时,设 $\boldsymbol{A}=\boldsymbol{E}_{12}$,则 $\boldsymbol{A}^{*}=|\boldsymbol{A}|\cdot\boldsymbol{A}^{-1}=-\boldsymbol{E}_{12}$, $\boldsymbol{A}^{T}=\boldsymbol{E}_{12}$,故 $\boldsymbol{A}^{*}=-\boldsymbol{A}^{\mathrm{T}}$.

总结　选择题、填空题可以利用特殊方阵求解,以便快速得到答案.

例 3－10　(2009 年)设 $\boldsymbol{A}$, $\boldsymbol{B}$ 均为 2 阶矩阵, $\boldsymbol{A}^{*}$, $\boldsymbol{B}^{*}$ 分别为 $\boldsymbol{A}$, $\boldsymbol{B}$ 的伴随矩阵. 若 $|\boldsymbol{A}|=2$, $|\boldsymbol{B}|=3$,则分块矩阵

$$\begin{pmatrix}\boldsymbol{O} & \boldsymbol{A}\\ \boldsymbol{B} & \boldsymbol{O}\end{pmatrix}$$

的伴随矩阵为(　　).

A. $\begin{pmatrix}\boldsymbol{O} & 3\boldsymbol{B}^{*}\\ 2\boldsymbol{A}^{*} & \boldsymbol{O}\end{pmatrix}$　　B. $\begin{pmatrix}\boldsymbol{O} & 2\boldsymbol{B}^{*}\\ 3\boldsymbol{A}^{*} & \boldsymbol{O}\end{pmatrix}$

C. $\begin{pmatrix}\boldsymbol{O} & 3\boldsymbol{A}^{*}\\ 2\boldsymbol{B}^{*} & \boldsymbol{O}\end{pmatrix}$　　D. $\begin{pmatrix}\boldsymbol{O} & 2\boldsymbol{A}^{*}\\ 3\boldsymbol{B}^{*} & \boldsymbol{O}\end{pmatrix}$

解　令

$$\boldsymbol{C}=\begin{pmatrix}\boldsymbol{O} & \boldsymbol{A}\\ \boldsymbol{B} & \boldsymbol{O}\end{pmatrix},$$

则 $\boldsymbol{C}^{*}=|\boldsymbol{C}|\cdot\boldsymbol{C}^{-1}$,

$$|\boldsymbol{C}|=\begin{vmatrix}\boldsymbol{O} & \boldsymbol{A}\\ \boldsymbol{B} & \boldsymbol{O}\end{vmatrix}=(-1)^{2\times 2}|\boldsymbol{A}||\boldsymbol{B}|=6,\quad \boldsymbol{C}^{-1}=\begin{pmatrix}\boldsymbol{O} & \boldsymbol{A}\\ \boldsymbol{B} & \boldsymbol{O}\end{pmatrix}^{-1}=\begin{pmatrix}\boldsymbol{O} & \boldsymbol{B}^{-1}\\ \boldsymbol{A}^{-1} & \boldsymbol{O}\end{pmatrix},$$

$$\boldsymbol{C}^{*}=6\begin{pmatrix}\boldsymbol{O} & \boldsymbol{B}^{-1}\\ \boldsymbol{A}^{-1} & \boldsymbol{O}\end{pmatrix}=\begin{pmatrix}\boldsymbol{O} & 6\boldsymbol{B}^{-1}\\ 6\boldsymbol{A}^{-1} & \boldsymbol{O}\end{pmatrix}=\begin{pmatrix}\boldsymbol{O} & 6\cdot\dfrac{\boldsymbol{B}^{*}}{|\boldsymbol{B}|}\\ 6\cdot\dfrac{\boldsymbol{A}^{*}}{|\boldsymbol{A}|} & \boldsymbol{O}\end{pmatrix}=\begin{pmatrix}\boldsymbol{O} & 2\boldsymbol{B}^{*}\\ 3\boldsymbol{A}^{*} & \boldsymbol{O}\end{pmatrix}.$$

课堂练习

【练习 3-23】 设 4 阶方阵

$$\boldsymbol{A}=\begin{pmatrix}5 & 2 & 0 & 0\\ 2 & 1 & 0 & 0\\ 0 & 0 & 1 & -2\\ 0 & 0 & 1 & 1\end{pmatrix},$$

则 $\boldsymbol{A}$ 的逆矩阵 $\boldsymbol{A}^{-1}=$________.

【练习 3-24】 设矩阵

$$\boldsymbol{A}=\begin{pmatrix}3 & 0 & 0\\ 1 & 4 & 0\\ 0 & 0 & 3\end{pmatrix},\quad \boldsymbol{E}=\begin{pmatrix}1 & 0 & 0\\ 0 & 1 & 0\\ 0 & 0 & 1\end{pmatrix},$$

则逆矩阵 $(\boldsymbol{A}-2\boldsymbol{E})^{-1}=$________.

【练习 3-25】 设矩阵

$$\boldsymbol{A}=\begin{pmatrix}0 & 0 & 0 & 1\\ 0 & 0 & 1 & 0\\ 0 & 1 & 0 & 0\\ 1 & 0 & 0 & 0\end{pmatrix},$$

则 $\boldsymbol{A}^{-1}=$________.

【练习 3-26】 设矩阵

$$\boldsymbol{A}=\begin{pmatrix}0 & a_1 & 0 & \cdots & 0\\ 0 & 0 & a_2 & \cdots & 0\\ \vdots & \vdots & \vdots & & \vdots\\ 0 & 0 & 0 & \cdots & a_{n-1}\\ a_n & 0 & 0 & \cdots & 0\end{pmatrix},$$

其中，$a_i\neq 0$，$i=1, 2, \cdots, n$，则 $\boldsymbol{A}^{-1}=$________.

【练习 3-27】 设 $\boldsymbol{A}$ 为 m 阶方阵，$\boldsymbol{B}$ 为 n 阶方阵，且 $|\boldsymbol{A}|=a$，$|\boldsymbol{B}|=b$，$\boldsymbol{C}=\begin{pmatrix}\boldsymbol{O} & \boldsymbol{A}\\ \boldsymbol{B} & \boldsymbol{O}\end{pmatrix}$，则 $|\boldsymbol{C}|=$________.

【练习 3-28】 设 $\boldsymbol{A}$ 为 n 阶非零方阵，$\boldsymbol{A}^*$ 是 $\boldsymbol{A}$ 的伴随矩阵，$\boldsymbol{A}^{\mathrm{T}}$ 是 $\boldsymbol{A}$ 的转置矩阵. 当 $\boldsymbol{A}^* = \boldsymbol{A}^{\mathrm{T}}$ 时，证明：$|\boldsymbol{A}| \neq 0$.

【练习 3-29】 已知实矩阵 $\boldsymbol{A} = (a_{ij})_{3\times 3}$ 满足条件：

(1) $a_{ij} = A_{ij}(i, j = 1, 2, 3)$，其中，$A_{ij}$ 是 a_{ij} 的代数余子式；

(2) $a_{11} \neq 0$.

计算行列式 $|\boldsymbol{A}|$.

【练习 3-30】 已知 $\boldsymbol{AP} = \boldsymbol{PB}$，其中，

$$\boldsymbol{B} = \begin{pmatrix} 1 & 0 & 0 \\ 0 & 0 & 0 \\ 0 & 0 & -1 \end{pmatrix}, \quad \boldsymbol{P} = \begin{pmatrix} 1 & 0 & 0 \\ 2 & -1 & 0 \\ 2 & 1 & 1 \end{pmatrix},$$

求 $\boldsymbol{A}$ 及 $\boldsymbol{A}^5$.

§3.4 本章超纲内容汇总

1. 有关秩的某些公式

例如，若 $\boldsymbol{AB} = \boldsymbol{O}$，则 $R(\boldsymbol{A}) + R(\boldsymbol{B}) \leqslant n$.

例如，(1988 年)若 $\boldsymbol{A}$ 和 $\boldsymbol{B}$ 都是 n 阶非零方阵，且 $\boldsymbol{AB} = \boldsymbol{O}$，则 $\boldsymbol{A}$ 的秩必小于 n. (　　)

再如，(1994 年)设 $\boldsymbol{A}$，$\boldsymbol{B}$ 都是 n 阶非零矩阵，且 $\boldsymbol{AB} = \boldsymbol{O}$，则 $\boldsymbol{A}$ 和 $\boldsymbol{B}$ 的秩(　　).

A. 必有一个等于零　　B. 都小于 n

C. 一个小于 n，一个等于 n　　D. 都等于 n

2. 分块矩阵

在简答题里出现分块矩阵.

例如，(1997 年)设 $\boldsymbol{A}$ 为 n 阶非奇异矩阵，$\boldsymbol{\alpha}$ 为 n 维列向量，b 为常数. 记分块矩阵

$$\boldsymbol{P} = \begin{pmatrix} \boldsymbol{E} & \boldsymbol{0} \\ -\boldsymbol{\alpha}^{\mathrm{T}}\boldsymbol{A}^* & |\boldsymbol{A}| \end{pmatrix}, \quad \boldsymbol{Q} = \begin{pmatrix} \boldsymbol{A} & \boldsymbol{\alpha} \\ \boldsymbol{\alpha}^{\mathrm{T}} & b \end{pmatrix},$$

其中，$\boldsymbol{A}^*$ 是矩阵 $\boldsymbol{A}$ 的伴随矩阵，$\boldsymbol{E}$ 为 n 阶单位矩阵.

(1) 计算并化简 $\boldsymbol{PQ}$；

(2) 证明：矩阵 $\boldsymbol{Q}$ 可逆的充分必要条件是 $\boldsymbol{\alpha}^{\mathrm{T}}\boldsymbol{A}^{-1}\boldsymbol{\alpha} \neq b$.

第4章　方　程　组

§4.1　一代画师(普通解法)

知识梳理

1. 核心概念

例如，

$$\begin{cases}x+y=0,\\x-y=2,\end{cases}\qquad\begin{cases}2x-3y-z=7,\\x-y+z=8,\\4x+y+z=4.\end{cases}$$

假想未知数　在3个未知数中,可以假想 x，y 为真正的未知数,所以,可以把 x，y 叫做假想未知数.

假想常数　同时,可以假想 z 为常数,把 z 叫做假想常数.

2. 普通解法的一般步骤

(1) 方程组的化简(最简形);

(2) 设 k;

(3) 写出通解.

简称:“画(化)k 通”.

视频 4-1　“画 k 通”

图 4-1　“画 k 通”

3. 其他概念

例如，

$$\begin{cases}x_1+x_2+2x_3-x_4=0,\\2x_1+x_2+x_3-x_4=0,\\2x_1+2x_2+x_3+2x_4=0,\end{cases}\quad\begin{cases}x_1-x_2+2x_3-2x_4+3x_5=1,\\2x_1-x_2+5x_3-9x_4+8x_5=-1,\\3x_1-2x_2+7x_3-11x_4+11x_5=0,\\x_1-x_2+x_3-x_4+3x_5=3.\end{cases}$$

线性方程组　未知数均为一次的方程组，叫做线性方程组.

齐次线性方程组　等号右边的常数项全为零时，“感觉比较整齐”，这样的线性方程组叫做齐次线性方程组.

非齐次线性方程组　等号右边的常数项不全为零时，“感觉不够整齐”，这样的线性方程组叫做非齐次线性方程组.

例如，

$$\begin{cases}x_1+x_2+2x_3-x_4=0,\\2x_1+x_2+x_3-x_4=0,\\2x_1+2x_2+x_3+2x_4=0,\end{cases}\quad \boldsymbol{A}=\begin{pmatrix}1&1&2&-1\\2&1&1&-1\\2&2&1&2\end{pmatrix}.$$

系数矩阵　未知数的系数组成的矩阵，叫做系数矩阵. 系数矩阵一般用 $\boldsymbol{A}$ 表示.

例如，

$$\begin{cases}x_1-x_2+2x_3-2x_4+3x_5=1,\\2x_1-x_2+5x_3-9x_4+8x_5=-1,\\3x_1-2x_2+7x_3-11x_4+11x_5=0,\\x_1-x_2+x_3-x_4+3x_5=3,\end{cases}\quad \overline{\boldsymbol{A}}=\begin{pmatrix}1&-1&2&-2&3&1\\2&-1&5&-9&8&-1\\3&-2&7&-11&11&0\\1&-1&1&-1&3&3\end{pmatrix}.$$

增广矩阵　未知数的系数和等号右边的常数项组成的矩阵，叫做增广矩阵. 增广矩阵一般用 $\overline{\boldsymbol{A}}$ 表示.

例如，

$$\begin{pmatrix}x_1\\x_2\\x_3\\x_4\\x_5\end{pmatrix}=k_1\begin{pmatrix}-1\\1\\0\\0\\0\end{pmatrix}+k_2\begin{pmatrix}0\\0\\-3\\-1\\1\end{pmatrix},\text{其中},k_1,\ k_2\text{ 为任意常数.}$$

通解　一个方程组所有解的集合，叫做解集，或者叫做通解.

例如，

$$\begin{cases}x_1-x_2+2x_3-2x_4+3x_5=1,\\2x_1-x_2+5x_3-9x_4+8x_5=-1,\\3x_1-2x_2+7x_3-11x_4+11x_5=0,\\x_1-x_2+x_3-x_4+3x_5=3.\end{cases}$$

独立方程 互相无关的方程,叫做独立方程.

导出方程 可以由若干独立方程通过“倍加”的方式得到的方程,叫做“导出方程”. 在方程组中,“导出方程”没有信息量,是多余的.

例 4-1 求解方程组

$$\begin{cases} x_1+x_2+2x_3-x_4=0, \\ 2x_1+x_2+x_3-x_4=0, \\ 2x_1+2x_2+x_3+2x_4=0. \end{cases}$$

分析 普通解法的一般步骤:“画 k 通”.

解 (1) 方程组的化简(最简形).

$$\boldsymbol{A}=\begin{pmatrix} 1 & 1 & 2 & -1 \\ 2 & 1 & 1 & -1 \\ 2 & 2 & 1 & 2 \end{pmatrix} \to \begin{pmatrix} 1 & 1 & 2 & -1 \\ 0 & -1 & -3 & 1 \\ 0 & 0 & -3 & 4 \end{pmatrix} \to \begin{pmatrix} 1 & 1 & 2 & -1 \\ 0 & 1 & 3 & -1 \\ 0 & 0 & 1 & -\frac{4}{3} \end{pmatrix}$$

$$\to \begin{pmatrix} 1 & 0 & -1 & 0 \\ 0 & 1 & 3 & -1 \\ 0 & 0 & 1 & -\frac{4}{3} \end{pmatrix} \to \begin{bmatrix} 1 & 0 & 0 & -\frac{4}{3} \\ 0 & 1 & 0 & 3 \\ 0 & 0 & 1 & -\frac{4}{3} \end{bmatrix},$$

有

$$\begin{cases} x_1 \qquad\qquad -\frac{4}{3}x_4=0, \\ \qquad x_2 \qquad +3x_4=0, \\ \qquad\qquad x_3-\frac{4}{3}x_4=0. \end{cases}$$

(2) 设 k.

令 $x_4=k$.

(3) 写出通解.

$$\begin{bmatrix} x_1 \\ x_2 \\ x_3 \\ x_4 \end{bmatrix}=\begin{bmatrix} \frac{4}{3}k \\ -3k \\ \frac{4}{3}k \\ k \end{bmatrix}=k\begin{bmatrix} \frac{4}{3} \\ -3 \\ \frac{4}{3} \\ 1 \end{bmatrix},\text{其中},k\text{ 为任意常数}.$$

例 4-2 求解方程组

$$\begin{cases} x_1 - x_2 + 2x_3 - 2x_4 + 3x_5 = 1, \\ 2x_1 - x_2 + 5x_3 - 9x_4 + 8x_5 = -1, \\ 3x_1 - 2x_2 + 7x_3 - 11x_4 + 11x_5 = 0, \\ x_1 - x_2 + x_3 - x_4 + 3x_5 = 3. \end{cases}$$

分析 普通解法的一般步骤:"画 k 通".

解 (1) 方程组的化简(最简形).

$$\overline{\mathbf{A}} = \begin{pmatrix} 1 & -1 & 2 & -2 & 3 & 1 \\ 2 & -1 & 5 & -9 & 8 & -1 \\ 3 & -2 & 7 & -11 & 11 & 0 \\ 1 & -1 & 1 & -1 & 3 & 3 \end{pmatrix} \to \begin{pmatrix} 1 & -1 & 2 & -2 & 3 & 1 \\ 0 & 1 & 1 & -5 & 2 & -3 \\ 0 & 1 & 1 & -5 & 2 & -3 \\ 0 & 0 & -1 & 1 & 0 & 2 \end{pmatrix}$$

$$\to \begin{pmatrix} 1 & -1 & 2 & -2 & 3 & 1 \\ 0 & 1 & 1 & -5 & 2 & -3 \\ 0 & 0 & 1 & -1 & 0 & -2 \\ 0 & 0 & 0 & 0 & 0 & 0 \end{pmatrix} \to \begin{pmatrix} 1 & 0 & 0 & -4 & 5 & 4 \\ 0 & 1 & 0 & -4 & 2 & -1 \\ 0 & 0 & 1 & -1 & 0 & -2 \\ 0 & 0 & 0 & 0 & 0 & 0 \end{pmatrix}.$$

有

$$\begin{cases} x_1 - 4x_4 + 5x_5 = 4, \\ x_2 - 4x_4 + 2x_5 = -1, \\ x_3 - x_4 = -2. \end{cases}$$

(2) 设 k.
令 $x_4 = k_1$, $x_5 = k_2$.
(3) 写出通解.

$$\begin{pmatrix} x_1 \\ x_2 \\ x_3 \\ x_4 \\ x_5 \end{pmatrix} = \begin{pmatrix} 4k_1 - 5k_2 + 4 \\ 4k_1 - 2k_2 - 1 \\ k_1 - 2 \\ k_1 \\ k_2 \end{pmatrix} = k_1 \begin{pmatrix} 4 \\ 4 \\ 1 \\ 1 \\ 0 \end{pmatrix} + k_2 \begin{pmatrix} -5 \\ -2 \\ 0 \\ 0 \\ 1 \end{pmatrix} + \begin{pmatrix} 4 \\ -1 \\ -2 \\ 0 \\ 0 \end{pmatrix}$$,其中,k_1, k_2 为任意常数.

例 4-3 求解方程组

$$\begin{cases} x_1 + x_2 - x_3 + 2x_4 - x_5 = 0, \\ x_1 + x_2 + x_3 + 3x_5 = 0, \\ x_3 + 3x_4 + 6x_5 = 0. \end{cases}$$

分析 普通解法的一般步骤:"画 k 通".

解 (1) 方程组的化简(最简形).

$$\boldsymbol{A}=\begin{pmatrix}1&1&-1&2&-1\\1&1&1&0&3\\0&0&1&3&6\end{pmatrix}\to\begin{pmatrix}1&1&-1&2&-1\\0&0&2&-2&4\\0&0&1&3&6\end{pmatrix}\to\begin{pmatrix}1&1&-1&2&-1\\0&0&1&-1&2\\0&0&0&4&4\end{pmatrix}$$

$$\to\begin{pmatrix}1&1&-1&2&-1\\0&0&1&-1&2\\0&0&0&1&1\end{pmatrix}\to\begin{pmatrix}1&1&-1&0&-3\\0&0&1&0&3\\0&0&0&1&1\end{pmatrix}\to\begin{pmatrix}1&1&0&0&0\\0&0&1&0&3\\0&0&0&1&1\end{pmatrix}.$$

有

$$\begin{cases}x_1+x_2=0,\\x_3+3x_5=0,\\x_4+x_5=0.\end{cases}$$

(2) 设 k.

令 $x_2=k_1$，$x_5=k_2$.

(3) 写出通解.

$$\begin{pmatrix}x_1\\x_2\\x_3\\x_4\\x_5\end{pmatrix}=\begin{pmatrix}-k_1\\k_1\\-3k_2\\-k_2\\k_2\end{pmatrix}=k_1\begin{pmatrix}-1\\1\\0\\0\\0\end{pmatrix}+k_2\begin{pmatrix}0\\0\\-3\\-1\\1\end{pmatrix}$$，其中，k_1，k_2 为任意常数.

总结 当矩阵化为最简形时，如果阶梯线的横线上出现了 2 个或者 2 个以上的数字，则一般来说：

(1) 应该选择第 1 个数字所对应的未知数作为假想未知数；

(2) 其他数字所对应的未知数，则作为假想常数.

课堂练习

【练习 4－1】 解线性方程组

$$\begin{cases}x_1+x_2+4x_3=4,\\-x_1+4x_2+x_3=16,\\x_1-x_2+2x_3=-4.\end{cases}$$

【练习 4－2】 解线性方程组

$$\begin{cases}x_1+x_3=1,\\4x_1+x_2+2x_3=3,\\6x_1+x_2+4x_3=5.\end{cases}$$

【练习 4-3】 解线性方程组

$$\begin{cases} x_1+x_2+x_3+x_4=0, \\ x_2+2x_3+2x_4=1, \\ -x_2-2x_3-2x_4=-1, \\ 3x_1+2x_2+x_3+x_4=-1. \end{cases}$$

【练习 4-4】 解线性方程组

$$\begin{cases} x_1+3x_2+2x_3+x_4=1, \\ x_2+ax_3-ax_4=-1, \\ x_1+2x_2+3x_4=3, \end{cases} \quad 其中, a \neq 2.$$

§4.2 江南才子(简便解法)

知识梳理

1. 齐次线性方程组

(1) 将矩阵化为“最简形”的一般步骤.

① “下清 0”:对阶梯线以下进行清 0(顺序为从左到右);

② 将每行的首个非 0 数,归 1;

③ “上清 0”:对阶梯线以上进行清 0(只针对每行的首个非 0 数,顺序为从右到左).

简称:“下一个上”.

视频 4-2　“下一个上”

图 4-2　“下一个上”

(2) 基础解系.

① 方程组 $\boldsymbol{Ax}=\boldsymbol{0}$ 的解集的最大无关组,称为该方程组 $\boldsymbol{Ax}=\boldsymbol{0}$ 的基础解系. 基础解系中的向量,通常用字母 $\boldsymbol{\xi}_1, \boldsymbol{\xi}_2, \cdots$ 表示.

② 化为“最简形”后,令“假想常数=单位向量”,如

$$\begin{pmatrix}1\\0\end{pmatrix}, \quad \begin{pmatrix}0\\1\end{pmatrix}$$

等,则其对应的“假想未知数=某一列的相反数”,此时可迅速求出基础解系.

③ 基础解系不唯一.

简称:“姐(解)是(系)麻花辫”.

视频 4 - 3 “姐是麻花辫”

图 4 - 3 “姐是麻花辫”

(3) 通解.

方程组 $\boldsymbol{Ax}=\mathbf{0}$ 的通解可表示为 $k_1\boldsymbol{\xi}_1+k_2\boldsymbol{\xi}_2+\cdots$,其中,$k_i$ 为任意常数.

(4) 简便解法(齐次)的一般步骤.

① 方程组的化简(最简形);

② 写出基础解系 $\boldsymbol{\xi}_1$,$\boldsymbol{\xi}_2$,…;

③ 写出通解 $k_1\boldsymbol{\xi}_1+k_2\boldsymbol{\xi}_2+\cdots$.

简称:“齐:画(化)鸡(基)通”.

视频 4 - 4 “画鸡通”

图 4 - 4 “画鸡通”

2. 非齐次线性方程组

(1) 特解.

① 方程组 $\boldsymbol{Ax}=\boldsymbol{b}$ 的一个解,称为该方程组 $\boldsymbol{Ax}=\boldsymbol{b}$ 的特解,通常用字母 $\boldsymbol{\eta}$ 表示.

② 化为“最简形”后,令“假想常数=零向量”,如

$$\begin{pmatrix}0\\0\end{pmatrix} 等,$$

则其对应的假想未知数与某一列数字相同(常数项 $\boldsymbol{b}$),此时即可求出 $\boldsymbol{Ax}=\boldsymbol{b}$ 的特解 $\boldsymbol{\eta}$,简称:“麻花相反,鱼竿相同”.

③ 特解不唯一.

找茬

视频 4－5　“麻花相反，鱼竿相同”

图 4－5　“麻花相反，鱼竿相同”

(2) 通解.

方程组 $\boldsymbol{Ax}=\boldsymbol{b}$ 的通解可表示为 $k_1\boldsymbol{\xi}_1+k_2\boldsymbol{\xi}_2+\cdots+\boldsymbol{\eta}$，其中，$k_i$ 为任意常数.

(3) 简便解法(非齐次)的一般步骤.

① 方程组的化简(最简形)；

② 写出方程组 $\boldsymbol{Ax}=\boldsymbol{0}$ 的基础解系 $\boldsymbol{\xi}_1$，$\boldsymbol{\xi}_2$，$\cdots$；

③ 写出方程组 $\boldsymbol{Ax}=\boldsymbol{b}$ 的特解 $\boldsymbol{\eta}$；

④ 写出通解 $k_1\boldsymbol{\xi}_1+k_2\boldsymbol{\xi}_2+\cdots+\boldsymbol{\eta}$.

简称：“非齐：画(化)鸡(基)特通”.

视频 4－6　“画鸡特通”

图 4－6　“画鸡特通”

4.2.1　齐次线性方程组

例 4－4　求解齐次线性方程组

$$\begin{cases}3x_1+4x_2-5x_3+7x_4=0,\\2x_1-3x_2+3x_3-2x_4=0,\\4x_1+11x_2-13x_3+16x_4=0,\\7x_1-2x_2+x_3+3x_4=0.\end{cases}$$

解　解法 1　普通解法的一般步骤：“画 k 通”.

(1) 方程组的化简(最简形).

$$A=\begin{pmatrix}3&4&-5&7\\2&-3&3&-2\\4&11&-13&16\\7&-2&1&3\end{pmatrix}\to\begin{pmatrix}1&7&-8&9\\2&-3&3&-2\\4&11&-13&16\\7&-2&1&3\end{pmatrix}\to\begin{pmatrix}1&7&-8&9\\0&-17&19&-20\\0&-17&19&-20\\0&-51&57&-60\end{pmatrix}$$

$$\to\begin{pmatrix}1&7&-8&9\\0&1&-\frac{19}{17}&\frac{20}{17}\\0&0&0&0\\0&0&0&0\end{pmatrix}\to\begin{pmatrix}1&0&-\frac{3}{17}&\frac{13}{17}\\0&1&-\frac{19}{17}&\frac{20}{17}\\0&0&0&0\\0&0&0&0\end{pmatrix}.$$

有

$$\begin{cases}x_1-\frac{3}{17}x_3+\frac{13}{17}x_4=0,\\x_2-\frac{19}{17}x_3+\frac{20}{17}x_4=0.\end{cases}$$

(2) 设 k.

令 $x_3=k_1$，$x_4=k_2$.

(3) 写出通解.

$$\begin{pmatrix}x_1\\x_2\\x_3\\x_4\end{pmatrix}=\begin{pmatrix}\frac{3}{17}k_1-\frac{3}{17}k_2\\\frac{19}{17}k_1-\frac{20}{17}k_2\\k_1\\k_2\end{pmatrix}=k_1\begin{pmatrix}\frac{3}{17}\\\frac{19}{17}\\1\\0\end{pmatrix}+k_2\begin{pmatrix}-\frac{3}{17}\\-\frac{20}{17}\\0\\1\end{pmatrix}$$，其中，k_1，k_2 为任意常数.

解法 2　简便解法(齐次)的一般步骤:“画鸡通”.

(1) 方程组的化简(同上).

(2) 写出基础解系.

令 $\begin{pmatrix}x_3\\x_4\end{pmatrix}=\begin{pmatrix}1\\0\end{pmatrix}$，则 $\begin{pmatrix}x_1\\x_2\end{pmatrix}=\begin{pmatrix}\frac{3}{17}\\\frac{19}{17}\end{pmatrix}$，$\boldsymbol{\xi}_1=\begin{pmatrix}\frac{3}{17}\\\frac{19}{17}\\1\\0\end{pmatrix}$.

令 $\begin{pmatrix}x_3\\x_4\end{pmatrix}=\begin{pmatrix}0\\1\end{pmatrix}$，则 $\begin{pmatrix}x_1\\x_2\end{pmatrix}=\begin{pmatrix}-\frac{3}{17}\\-\frac{20}{17}\end{pmatrix}$，$\boldsymbol{\xi}_2=\begin{pmatrix}-\frac{3}{17}\\-\frac{20}{17}\\0\\1\end{pmatrix}$.

(3) 写出通解.

$$\begin{pmatrix}x_1\\x_2\\x_3\\x_4\end{pmatrix}=k_1\begin{pmatrix}\frac{3}{17}\\\frac{19}{17}\\1\\0\end{pmatrix}+k_2\begin{pmatrix}-\frac{3}{17}\\-\frac{20}{17}\\0\\1\end{pmatrix}$$，其中，k_1，k_2 为任意常数.

例 4－5　求解齐次线性方程组

$$\begin{cases}x_1+x_2-x_3+2x_4-x_5=0,\\x_1+x_2+x_3+3x_5=0,\\x_3+3x_4+6x_5=0.\end{cases}$$

分析　口诀:"齐次，画鸡通".

解　(1)方程组的化简(最简形).

$$\boldsymbol{A}=\begin{pmatrix}1&1&-1&2&-1\\1&1&1&0&3\\0&0&1&3&6\end{pmatrix}\to\begin{pmatrix}1&1&-1&2&-1\\0&0&2&-2&4\\0&0&1&3&6\end{pmatrix}\to\begin{pmatrix}1&1&-1&2&-1\\0&0&1&-1&2\\0&0&0&4&4\end{pmatrix}$$

$$\to\begin{pmatrix}1&1&-1&2&-1\\0&0&1&-1&2\\0&0&0&1&1\end{pmatrix}\to\begin{pmatrix}1&1&-1&0&-3\\0&0&1&0&3\\0&0&0&1&1\end{pmatrix}\to\begin{pmatrix}1&1&0&0&0\\0&0&1&0&3\\0&0&0&1&1\end{pmatrix}.$$

(2) 写出通解.

$$\begin{pmatrix}x_1\\x_2\\x_3\\x_4\\x_5\end{pmatrix}=k_1\begin{pmatrix}-1\\1\\0\\0\\0\end{pmatrix}+k_2\begin{pmatrix}0\\0\\-3\\-1\\1\end{pmatrix}$$，其中，k_1，k_2 为任意常数.

例 4－6　求解齐次线性方程组

$$\begin{cases}x_1+x_2+2x_3-x_4=0,\\2x_1+x_2+x_3-x_4=0,\\2x_1+2x_2+x_3+2x_4=0.\end{cases}$$

分析　口诀:"齐次，画鸡通".

解　(1)方程组的化简(最简形).

$$A=\begin{pmatrix}1&1&2&-1\\2&1&1&-1\\2&2&1&2\end{pmatrix}\rightarrow\begin{pmatrix}1&1&2&-1\\0&-1&-3&1\\0&0&-3&4\end{pmatrix}\rightarrow\begin{pmatrix}1&1&2&-1\\0&1&3&-1\\0&0&1&-\frac{4}{3}\end{pmatrix}$$

$$\rightarrow\begin{pmatrix}1&0&-1&0\\0&1&3&-1\\0&0&1&-\frac{4}{3}\end{pmatrix}\rightarrow\begin{pmatrix}1&0&0&-\frac{4}{3}\\0&1&0&3\\0&0&1&-\frac{4}{3}\end{pmatrix}.$$

(2) 写出通解.

$$\begin{pmatrix}x_1\\x_2\\x_3\\x_4\end{pmatrix}=k\begin{pmatrix}\frac{4}{3}\\-3\\\frac{4}{3}\\1\end{pmatrix},\text{其中},k\text{ 为任意常数}.$$

4.2.2 非齐次线性方程组

例 4-7 求解非齐次线性方程组

$$\begin{cases}x_1-x_2+2x_3-2x_4+3x_5=1,\\2x_1-x_2+5x_3-9x_4+8x_5=-1,\\3x_1-2x_2+7x_3-11x_4+11x_5=0,\\x_1-x_2+x_3-x_4+3x_5=3.\end{cases}$$

分析 口诀:“非齐,画鸡特通(麻花相反,鱼竿相同)”.

解 (1) 方程组的化简(最简形).

$$\overline{A}=\left(\begin{array}{ccccc:c}1&-1&2&-2&3&1\\2&-1&5&-9&8&-1\\3&-2&7&-11&11&0\\1&-1&1&-1&3&3\end{array}\right)\rightarrow\left(\begin{array}{ccccc:c}1&-1&2&-2&3&1\\0&1&1&-5&2&-3\\0&1&1&-5&2&-3\\0&0&-1&1&0&2\end{array}\right)$$

$$\rightarrow\left(\begin{array}{ccccc:c}1&-1&2&-2&3&1\\0&1&1&-5&2&-3\\0&0&1&-1&0&-2\\0&0&0&0&0&0\end{array}\right)\rightarrow\left(\begin{array}{ccccc:c}1&0&0&-4&5&4\\0&1&0&-4&2&-1\\0&0&1&-1&0&-2\\0&0&0&0&0&0\end{array}\right).$$

(2) 写出通解.

$$\begin{pmatrix}x_1\\x_2\\x_3\\x_4\\x_5\end{pmatrix}=k_1\begin{pmatrix}4\\4\\1\\1\\0\end{pmatrix}+k_2\begin{pmatrix}-5\\-2\\0\\0\\1\end{pmatrix}+\begin{pmatrix}4\\-1\\-2\\0\\0\end{pmatrix}$$，其中，k_1，k_2 为任意常数.

例 4-8　(2014 年)设矩阵

$$A=\begin{pmatrix}1&-2&3&-4\\0&1&-1&1\\1&2&0&-3\end{pmatrix},$$

E 为 3 阶单位矩阵. 求方程组 $Ax=0$ 的一个基础解系.

分析　口诀："齐次，画鸡通".

解　(1) 方程组的化简(最简形).

$$A=\begin{pmatrix}1&-2&3&-4\\0&1&-1&1\\1&2&0&-3\end{pmatrix}\to\begin{pmatrix}1&-2&3&-4\\0&1&-1&1\\0&4&-3&1\end{pmatrix}$$

$$\to\begin{pmatrix}1&-2&3&-4\\0&1&-1&1\\0&0&1&-3\end{pmatrix}\to\begin{pmatrix}1&0&0&1\\0&1&0&-2\\0&0&1&-3\end{pmatrix}.$$

(2) 基础解系.

$$\xi=\begin{pmatrix}-1\\2\\3\\1\end{pmatrix}.$$

例 4-9　(2009 年)设矩阵

$$A=\begin{pmatrix}1&-1&-1\\-1&1&1\\0&-4&-2\end{pmatrix},\quad \xi_1=\begin{pmatrix}-1\\1\\-2\end{pmatrix}.$$

求满足 $A\xi_2=\xi_1$，$A^2\xi_3=\xi_1$ 的所有向量 ξ_2，ξ_3.

分析　口诀："非齐，画鸡特通(麻花相反，鱼竿相同)".

解　(1) 解方程组 $Ax=\xi_1$.

$$(A\ \vdots\ \xi_1)=\left(\begin{array}{ccc:c}1&-1&-1&-1\\-1&1&1&1\\0&-4&-2&-2\end{array}\right)\to\left(\begin{array}{ccc:c}1&0&-\frac{1}{2}&-\frac{1}{2}\\0&1&\frac{1}{2}&\frac{1}{2}\\0&0&0&0\end{array}\right).$$

$$\boldsymbol{\xi}_2 = k_1\begin{pmatrix} \frac{1}{2} \\ -\frac{1}{2} \\ 1 \end{pmatrix} + \begin{pmatrix} -\frac{1}{2} \\ \frac{1}{2} \\ 0 \end{pmatrix},\text{其中},k_1\text{ 为任意常数.}$$

(2) 解方程组 $\boldsymbol{A}^2\boldsymbol{x} = \boldsymbol{\xi}_1$.

$$\boldsymbol{A}^2 = \begin{pmatrix} 2 & 2 & 0 \\ -2 & -2 & 0 \\ 4 & 4 & 0 \end{pmatrix},\quad (\boldsymbol{A}^2 \vdots \boldsymbol{\xi}_1) = \left(\begin{array}{ccc:c} 2 & 2 & 0 & -1 \\ -2 & -2 & 0 & 1 \\ 4 & 4 & 0 & -2 \end{array}\right) \to \left(\begin{array}{ccc:c} 1 & 1 & 0 & -\frac{1}{2} \\ 0 & 0 & 0 & 0 \\ 0 & 0 & 0 & 0 \end{array}\right).$$

$$\boldsymbol{\xi}_3 = k_2\begin{pmatrix} -1 \\ 1 \\ 0 \end{pmatrix} + k_3\begin{pmatrix} 0 \\ 0 \\ 1 \end{pmatrix} + \begin{pmatrix} -\frac{1}{2} \\ 0 \\ 0 \end{pmatrix},\text{其中},k_2,\ k_3\text{ 为任意常数.}$$

课堂练习

【练习 4-5】 求齐次线性方程组

$$\begin{cases} x_1 + x_2 + x_5 = 0, \\ x_1 + x_2 - x_3 = 0, \\ x_3 + x_4 + x_5 = 0 \end{cases}$$

的基础解系.

【练习 4-6】 解线性方程组

$$\begin{cases} 2x_1 - x_2 + 4x_3 - 3x_4 = -4, \\ x_1 + x_3 - x_4 = -3, \\ 3x_1 + x_2 + x_3 = 1, \\ 7x_1 + 7x_3 - 3x_4 = 3. \end{cases}$$

【练习 4-7】 解线性方程组

$$\begin{cases} x_1 + x_2 + 2x_3 + 3x_4 = 1, \\ x_1 + 3x_2 + 6x_3 + x_4 = 3, \\ 3x_1 - x_2 + 2x_3 + 15x_4 = 3, \\ x_1 - 5x_2 - 10x_3 + 12x_4 = 1. \end{cases}$$

【练习 4-8】 解线性方程组

$$\begin{cases} x_1 + x_2 + x_3 + x_4 + x_5 = 1, \\ 3x_1 + 2x_2 + x_3 + x_4 - 3x_5 = 0, \\ x_2 + 2x_3 + 2x_4 + 6x_5 = 3, \\ 5x_1 + 4x_2 + 3x_3 + 3x_4 - x_5 = 2. \end{cases}$$

（1）求出其对应的齐次线性方程组的一个基础解系；

（2）求出原方程组的全部解.

§4.3　地震了（解的判定）

知识梳理

1. 回顾

定理　n 元线性方程组 $\boldsymbol{Ax}=\boldsymbol{b}$，

（1）无解的充分必要条件是 $R(\boldsymbol{A})<R(\overline{\boldsymbol{A}})$；

（2）有唯一解的充分必要条件是 $R(\boldsymbol{A})=R(\overline{\boldsymbol{A}})=n$；

（3）有无穷多解的充分必要条件是 $R(\boldsymbol{A})=R(\overline{\boldsymbol{A}})<n$.

2. 非齐次线性方程组

（1）重要概念.

例如，

$$\overline{\boldsymbol{A}}=(\boldsymbol{A}\,\vdots\,\boldsymbol{b})=\left(\begin{array}{ccc:c}1 & -2 & -3 & 1\\ 0 & 5 & -4 & -1\\ 2 & 2 & 1 & 2\end{array}\right).$$

隔离线　系数矩阵 $\boldsymbol{A}$ 与常数项 $\boldsymbol{b}$ 之间的竖线，叫做隔离线.

（2）“解的判定”方法.

例如，

$$\left(\begin{array}{ccc:c}1 & -2 & -3 & 1\\ 0 & 5 & -4 & -1\\ 0 & 0 & 0 & 2\end{array}\right),\quad \left(\begin{array}{ccc:c}1 & -2 & -3 & 1\\ 0 & 5 & -4 & -1\\ 0 & 0 & 0 & 0\end{array}\right).$$

① 阶梯线是否塌陷.

将 $\overline{\boldsymbol{A}}$ 化为行阶梯形矩阵后，如果阶梯线在隔离线.处出现塌陷，那么，该方程组 $\boldsymbol{Ax}=\boldsymbol{b}$ 无解；如果阶梯线在隔离线处未出现塌陷（地面是平直的），那么，该方程组 $\boldsymbol{Ax}=\boldsymbol{b}$ 有解.

② 阶梯线的行数.

“阶梯线的行数＝独立方程的个数”.

当方程组 $\boldsymbol{Ax}=\boldsymbol{b}$ 有解时，若“阶梯线的行数＝未知数的个数 n”，即“独立方程的个数＝未知数的个数 n”，则方程组 $\boldsymbol{Ax}=\boldsymbol{b}$ 有唯一解；

当方程组 $\boldsymbol{Ax}=\boldsymbol{b}$ 有解时，若“阶梯线的行数＜未知数的个数 n”，即“独立方程的个数＜未知数的个数 n”，则方程组 $\boldsymbol{Ax}=\boldsymbol{b}$ 有无穷多解.

简称：“姐（解）盼（判）他（塌）行”.

视频 4-7 “姐盼他行”

图 4-7 “姐盼他行”

3. 矩阵方程

(1) 定义.

① $\boldsymbol{A}$ 和 $\boldsymbol{B}$ 均已知;

② $\boldsymbol{C}$ 未知.

此时,称 $\boldsymbol{AC}=\boldsymbol{B}$ 为“矩阵方程”.

(2) 解的判定.

① $\boldsymbol{Ax}=\boldsymbol{b}$ 的增广矩阵.

例如,

$$\overline{\boldsymbol{A}}=(\boldsymbol{A} \vdots \boldsymbol{b})=\left(\begin{array}{ccc:c}1 & -2 & -3 & 1\\0 & 5 & -4 & -1\\2 & 2 & 1 & 2\end{array}\right).$$

② $\boldsymbol{AC}=\boldsymbol{B}$ 的增广矩阵.

例如,

$$\overline{\boldsymbol{A}}=(\boldsymbol{A} \vdots \boldsymbol{b})=\left(\begin{array}{ccc:c:c:c}1 & -2 & -3 & 1 & -1 & 2\\0 & 5 & -4 & -1 & 2 & 4\\2 & 2 & 1 & 2 & -3 & 5\end{array}\right).$$

③ “解的判定”方法.

例如,

$$\left(\begin{array}{ccc:c:c:c}1 & -2 & -3 & 1 & -1 & 2\\0 & 5 & -4 & -1 & 2 & 4\\0 & 0 & 0 & 0 & -3 & 0\end{array}\right).$$

1° 阶梯线是否塌陷.

将 $\overline{\boldsymbol{A}}$ 化为行阶梯形矩阵后,如果阶梯线在任何一个隔离线. 处出现塌陷,那么,该方程组 $\boldsymbol{AC}=\boldsymbol{B}$ 无解;如果阶梯线在任何一个隔离线. 处均未出现塌陷(地面是平直的),那么,该方程组 $\boldsymbol{AC}=\boldsymbol{B}$ 有解.

2° 阶梯线的行数.

“阶梯线的行数=独立方程的个数”.

当方程组 $\boldsymbol{AC}=\boldsymbol{B}$ 有解时，若"阶梯线的行数 = 未知数的个数 n"，即"独立方程的个数 = 未知数的个数 n"，则方程组 $\boldsymbol{AC}=\boldsymbol{B}$ 有唯一解；

当方程组 $\boldsymbol{AC}=\boldsymbol{B}$ 有解时，若"阶梯线的行数 < 未知数的个数 n"，即"独立方程的个数 < 未知数的个数 n"，则方程组 $\boldsymbol{AC}=\boldsymbol{B}$ 有无穷多解.

4. 齐次线性方程组

(1) 重要概念.

齐次：$\boldsymbol{b}=\boldsymbol{0}$.

例如，

$$\overline{\boldsymbol{A}}=(\boldsymbol{A}\,\vdots\,\boldsymbol{b})=\left(\begin{array}{ccc:c}1 & -2 & -3 & 0\\ 0 & 5 & -4 & 0\\ 1 & 3 & 2 & 0\end{array}\right).$$

隔离线　系数矩阵 $\boldsymbol{A}$ 与常数项 $\boldsymbol{b}$ 之间的竖线，叫做隔离线.

(2) "解的判定"方法.

例如，

$$\left(\begin{array}{ccc:c}1 & -2 & -3 & 0\\ 0 & 5 & -4 & 0\\ 0 & 0 & 0 & 0\end{array}\right).$$

① 阶梯线是否塌陷.

将 $\overline{\boldsymbol{A}}$ 化为行阶梯形矩阵后，因为阶梯线在隔离线处不可能出现塌陷(地面肯定是平直的)，所以，方程组 $\boldsymbol{Ax}=\boldsymbol{0}$ 必定有解.

② 阶梯线的行数.

"阶梯线的行数 = 独立方程的个数".

若"阶梯线的行数 = 未知数的个数 n"，即"独立方程的个数 = 未知数的个数 n"，则方程组 $\boldsymbol{Ax}=\boldsymbol{0}$ 有唯一解，即零解.

若"阶梯线的行数 < 未知数的个数 n"，即"独立方程的个数 < 未知数的个数 n"，则方程组 $\boldsymbol{Ax}=\boldsymbol{0}$ 有无穷多解.

4.3.1　非齐次

例 4-10　(2012 年)设矩阵

$$\boldsymbol{A}=\begin{pmatrix}1 & a & 0 & 0\\ 0 & 1 & a & 0\\ 0 & 0 & 1 & a\\ a & 0 & 0 & 1\end{pmatrix},\quad \boldsymbol{b}=\begin{pmatrix}1\\ -1\\ 0\\ 0\end{pmatrix}.$$

(1) 求 $|\boldsymbol{A}|$；

(2) 已知线性方程组 $\boldsymbol{Ax}=\boldsymbol{b}$ 有无穷多解，求 a，并求 $\boldsymbol{Ax}=\boldsymbol{b}$ 的通解.

分析　(1) 降阶法的使用条件：①0 多；②相同数或相反数多.

(2) 解的判定口诀:“姐盼他行”.

解 (1)

$$|\boldsymbol{A}|=\begin{vmatrix}1&a&0&0\\0&1&a&0\\0&0&1&a\\a&0&0&1\end{vmatrix}=1\times(-1)^{4+4}\begin{vmatrix}1&a&0\\0&1&a\\0&0&1\end{vmatrix}+a\times(-1)^{4+1}\begin{vmatrix}a&0&0\\1&a&0\\0&1&a\end{vmatrix}=1-a^4.$$

(2) ①

$$\overline{\boldsymbol{A}}=(\boldsymbol{A}\,\vdots\,\boldsymbol{b})=\left(\begin{array}{cccc:c}1&a&0&0&1\\0&1&a&0&-1\\0&0&1&a&0\\a&0&0&1&0\end{array}\right)\to\left(\begin{array}{cccc:c}1&a&0&0&1\\0&1&a&0&-1\\0&0&1&a&0\\0&-a^2&0&1&-a\end{array}\right)$$

$$\to\left(\begin{array}{cccc:c}1&a&0&0&1\\0&1&a&0&-1\\0&0&1&a&0\\0&0&a^3&1&-a-a^2\end{array}\right)\to\left(\begin{array}{cccc:c}1&a&0&0&1\\0&1&a&0&-1\\0&0&1&a&0\\0&0&0&1-a^4&-a-a^2\end{array}\right).$$

由于方程组有无穷多解,故 $1-a^4=0$ 且 $-a-a^2=0$,即 $a^4=1$ 且 $a=0$ 或 $a=-1$. 于是,$a=-1$.

② 由于 $a=-1$,

$$\left(\begin{array}{cccc:c}1&-1&0&0&1\\0&1&-1&0&-1\\0&0&1&-1&0\\0&0&0&0&0\end{array}\right)\to\left(\begin{array}{cccc:c}1&0&0&-1&0\\0&1&0&-1&-1\\0&0&1&-1&0\\0&0&0&0&0\end{array}\right).$$

通解为

$$k\begin{pmatrix}1\\1\\1\\1\end{pmatrix}+\begin{pmatrix}0\\-1\\0\\0\end{pmatrix},\text{其中},k\text{ 为任意常数}.$$

注意 若方程组有无穷多解,那么,阶梯线在隔离线处未塌陷,“阶梯线的行数<未知数的个数 n”.

例 4-11 (2010 年)设矩阵

$$\boldsymbol{A}=\begin{pmatrix}\lambda&1&1\\0&\lambda-1&0\\1&1&\lambda\end{pmatrix},\quad \boldsymbol{b}=\begin{pmatrix}a\\1\\1\end{pmatrix}.$$

已知线性方程组 $\boldsymbol{A}\boldsymbol{x}=\boldsymbol{b}$ 存在两个不同的解.

(1) 求 λ, a;

(2) 求方程组 $\boldsymbol{Ax}=\boldsymbol{b}$ 的通解.

分析 (1) 解的判定口诀:"姐盼他行".

(2) 由于方程组有解,阶梯线不会塌陷;存在两个不同的解,即无穷多解,故阶梯线的行数小于 3.

解 (1)

$$\overline{\boldsymbol{A}}=\left(\begin{array}{ccc:c}\lambda & 1 & 1 & a\\ 0 & \lambda-1 & 0 & 1\\ 1 & 1 & \lambda & 1\end{array}\right)\to\left(\begin{array}{ccc:c}1 & 1 & \lambda & 1\\ 0 & \lambda-1 & 0 & 1\\ \lambda & 1 & 1 & a\end{array}\right)$$

$$\to\left(\begin{array}{ccc:c}1 & 1 & \lambda & 1\\ 0 & \lambda-1 & 0 & 1\\ 0 & 1-\lambda & 1-\lambda^2 & a-\lambda\end{array}\right)\to\left(\begin{array}{ccc:c}1 & 1 & \lambda & 1\\ 0 & \lambda-1 & 0 & 1\\ 0 & 0 & 1-\lambda^2 & a-\lambda+1\end{array}\right).$$

由于 $\boldsymbol{Ax}=\boldsymbol{b}$ 存在两个不同的解,故

$$\begin{cases}\lambda-1\neq 0,\\ 1-\lambda^2=0,\\ a-\lambda+1=0,\end{cases}$$

解得 $\lambda=-1$, $a=-2$.

(2) $$\left(\begin{array}{ccc:c}1 & 1 & -1 & 0\\ 0 & -2 & 0 & 0\\ 0 & 0 & 0 & 0\end{array}\right)\to\left(\begin{array}{ccc:c}1 & 0 & -1 & \frac{3}{2}\\ 0 & 1 & 0 & -\frac{1}{2}\\ 0 & 0 & 0 & 0\end{array}\right).$$

通解为

$$k\begin{pmatrix}1\\0\\1\end{pmatrix}+\begin{pmatrix}\frac{3}{2}\\-\frac{1}{2}\\0\end{pmatrix},其中,k 为任意常数.$$

例 4-12 设矩阵

$$\boldsymbol{A}=\begin{pmatrix}1 & -1 & -1\\ 2 & a & 1\\ -1 & 1 & a\end{pmatrix},\quad \boldsymbol{B}=\begin{pmatrix}2 & 2\\ 1 & a\\ -a-1 & -2\end{pmatrix}.$$

当 a 为何值时,矩阵方程 $\boldsymbol{Ax}=\boldsymbol{B}$ 无解、有唯一解、有无穷多解?有解时求方程.

分析 解的判定口诀:"姐盼他行".

解 $\overline{A}=(A\vdots B)=\left(\begin{array}{ccc|c|c}1&-1&-1&2&2\\2&a&1&1&a\\-1&1&1&-a-1&-2\end{array}\right)\to\left(\begin{array}{ccc|c|c}1&-1&-1&2&2\\0&a+2&3&-3&a-4\\0&0&a-1&1-a&0\end{array}\right)$.

（1）当 $a\neq-2$ 且 $a\neq1$ 时，

$$\overline{A}\to\left(\begin{array}{ccc|c|c}1&0&0&1&\dfrac{3a}{a+2}\\0&1&0&0&\dfrac{a-4}{a+2}\\0&0&1&-1&0\end{array}\right),\ x=\begin{pmatrix}1&\dfrac{3a}{a+2}\\0&\dfrac{a-4}{a+2}\\-1&0\end{pmatrix},$$

方程有唯一解.

（2）当 $a=-2$ 时，

$$\overline{A}\to\left(\begin{array}{ccc|c|c}1&-1&-1&2&2\\0&0&3&-3&-6\\0&0&-3&3&0\end{array}\right)\to\left(\begin{array}{ccc|c|c}1&-1&-1&2&2\\0&0&3&-3&-6\\0&0&0&0&-6\end{array}\right),$$

方程 $Ax=B$ 无解.

（3）当 $a=1$ 时，

$$\overline{A}\to\left(\begin{array}{ccc|c|c}1&-1&-1&2&2\\0&3&3&-3&-3\\0&0&0&0&0\end{array}\right)\to\left(\begin{array}{ccc|c|c}1&0&0&1&1\\0&1&1&-1&-1\\0&0&0&0&0\end{array}\right),$$

$$x=\begin{pmatrix}1&1\\-1-k_1&-1-k_2\\k_1&k_2\end{pmatrix},\text{其中，}k_1,\ k_2\text{ 为任意常数，}$$

方程 $Ax=B$ 有无穷多解.

注意 （1）求解矩阵方程时，隔离线要画全，方便解的判定.

（2）遇到含字母的式子时，要分两种情况讨论：等于 0 或者不等于 0.

例 4-13 （2013 年）设矩阵

$$A=\begin{pmatrix}1&a\\1&0\end{pmatrix},\quad B=\begin{pmatrix}0&1\\1&b\end{pmatrix}.$$

当 a, b 为何值时，存在矩阵 C，使得 $AC-CA=B$？并求所有矩阵 C.

解 （1）设

$$C=\begin{pmatrix}x_1&x_2\\x_3&x_4\end{pmatrix}.$$

由于 $AC-CA=B$，

$$\begin{pmatrix}1&a\\1&0\end{pmatrix}\begin{pmatrix}x_1&x_2\\x_3&x_4\end{pmatrix}-\begin{pmatrix}x_1&x_2\\x_3&x_4\end{pmatrix}\begin{pmatrix}1&a\\1&0\end{pmatrix}=\begin{pmatrix}0&1\\1&b\end{pmatrix},$$

$$\begin{pmatrix} x_1+ax_3 & x_2+ax_4 \\ x_1 & x_2 \end{pmatrix}-\begin{pmatrix} x_1+x_2 & ax_1 \\ x_3+x_4 & ax_3 \end{pmatrix}=\begin{pmatrix} 0 & 1 \\ 1 & b \end{pmatrix},$$

有

$$\begin{cases} -x_2+ax_3=0, \\ -ax_1+x_2+ax_4=1, \\ x_1-x_3-x_4=1, \\ x_2-ax_3=b, \end{cases}$$

$$\overline{\mathbf{A}}=\left(\begin{array}{cccc|c} 0 & -1 & a & 0 & 0 \\ -a & 1 & 0 & a & 1 \\ 1 & 0 & -1 & -1 & 1 \\ 0 & 1 & -a & 0 & b \end{array}\right) \to \left(\begin{array}{cccc|c} 1 & 0 & -1 & -1 & 1 \\ 0 & 1 & -a & 0 & 0 \\ 0 & 0 & 0 & 0 & a+1 \\ 0 & 0 & 0 & 0 & b \end{array}\right).$$

矩阵 $\mathbf{C}$ 存在,方程组有解,有 $a+1=0$, $b=0$,即 $a=-1$, $b=0$.

(2) $\overline{\mathbf{A}}=\left(\begin{array}{cccc|c} 1 & 0 & -1 & -1 & 1 \\ 0 & 1 & 1 & 0 & 0 \\ 0 & 0 & 0 & 0 & 0 \\ 0 & 0 & 0 & 0 & 0 \end{array}\right).$

通解为

$$\begin{pmatrix} x_1 \\ x_2 \\ x_3 \\ x_4 \end{pmatrix}=k_1\begin{pmatrix} 1 \\ -1 \\ 1 \\ 0 \end{pmatrix}+k_2\begin{pmatrix} 1 \\ 0 \\ 0 \\ 1 \end{pmatrix}+\begin{pmatrix} 1 \\ 0 \\ 0 \\ 0 \end{pmatrix},\text{其中}, k_1, k_2 \text{ 为任意常数}.$$

$$\mathbf{C}=\begin{pmatrix} x_1 & x_2 \\ x_3 & x_4 \end{pmatrix}=\begin{pmatrix} k_1+k_2+1 & -k_1 \\ k_1 & k_2 \end{pmatrix}.$$

4.3.2　齐次

例 4-14　(2018 年)设二次型 $f(x_1, x_2, x_3)=(x_1-x_2+x_3)^2+(x_2+x_3)^2+(x_1+ax_3)^2$,其中,$a$ 是参数.求 $f(x_1, x_2, x_3)=0$ 的解.

解　$(x_1-x_2+x_3)^2+(x_2+x_3)^2+(x_1+ax_3)^2=0$.

$$\begin{cases} x_1-x_2+x_3=0, \\ x_2+x_3=0, \\ x_1+ax_3=0. \end{cases}$$

$$\mathbf{A}=\begin{pmatrix} 1 & -1 & 1 \\ 0 & 1 & 1 \\ 1 & 0 & a \end{pmatrix} \to \begin{pmatrix} 1 & -1 & 1 \\ 0 & 1 & 1 \\ 0 & 1 & a-1 \end{pmatrix} \to \begin{pmatrix} 1 & -1 & 1 \\ 0 & 1 & 1 \\ 0 & 0 & a-2 \end{pmatrix}.$$

(1) 当 $a-2=0$,即 $a=2$ 时,有无穷多解.通解为

$$k\begin{pmatrix}-2\\-1\\1\end{pmatrix}\text{，其中，}k\text{ 为任意常数.}$$

(2) 当 $a-2\neq 0$ 时，有唯一解零解.

课堂练习

【练习 4-9】 齐次线性方程组

$$\begin{cases}\lambda x_1+x_2+\lambda^2x_3=0,\\ x_1+\lambda x_2+x_3=0,\\ x_1+x_2+\lambda x_3=0\end{cases}$$

的系数矩阵记为 $\boldsymbol{A}$. 若存在 3 阶矩阵 $\boldsymbol{B}\neq\boldsymbol{O}$，使得 $\boldsymbol{AB}=\boldsymbol{O}$，则(　　).

A. $\lambda=-2$ 且 $|\boldsymbol{B}|=0$　　B. $\lambda=-2$ 且 $|\boldsymbol{B}|\neq 0$

C. $\lambda=1$ 且 $|\boldsymbol{B}|=0$　　D. $\lambda=1$ 且 $|\boldsymbol{B}|\neq 0$

【练习 4-10】 设 n 元齐次线性方程组 $\boldsymbol{AX}=\boldsymbol{0}$ 的系数矩阵 $\boldsymbol{A}$ 的秩为 r，则 $\boldsymbol{AX}=\boldsymbol{0}$ 有非零解的充分必要条件是(　　).

A. $r=n$　　B. $r<n$　　C. $r\geqslant n$　　D. $r>n$

【练习 4-11】 设 $\boldsymbol{A}$ 是 $m\times n$ 矩阵，$\boldsymbol{Ax}=\boldsymbol{0}$ 是非齐次线性方程组 $\boldsymbol{Ax}=\boldsymbol{b}$ 所对应的齐次线性方程组，则下列结论正确的是(　　).

A. 若 $\boldsymbol{Ax}=\boldsymbol{0}$ 仅有零解，则 $\boldsymbol{Ax}=\boldsymbol{b}$ 有唯一解

B. 若 $\boldsymbol{Ax}=\boldsymbol{0}$ 有非零解，则 $\boldsymbol{Ax}=\boldsymbol{b}$ 有无穷多个解

C. 若 $\boldsymbol{Ax}=\boldsymbol{b}$ 有无穷多个解，则 $\boldsymbol{Ax}=\boldsymbol{0}$ 仅有零解

D. 若 $\boldsymbol{Ax}=\boldsymbol{b}$ 有无穷多个解，则 $\boldsymbol{Ax}=\boldsymbol{0}$ 有非零解

【练习 4-12】 设方程

$$\begin{pmatrix}a&1&1\\1&a&1\\1&1&a\end{pmatrix}\begin{pmatrix}x_1\\x_2\\x_3\end{pmatrix}=\begin{pmatrix}1\\1\\-2\end{pmatrix}$$

有无穷多解，则 $a=$________.

【练习 4-13】 已知方程组

$$\begin{pmatrix}1&2&1\\2&3&a+2\\1&a&-2\end{pmatrix}\begin{pmatrix}x_1\\x_2\\x_3\end{pmatrix}=\begin{pmatrix}1\\3\\0\end{pmatrix}$$

无解，则 $a=$________.

【练习 4-14】 若线性方程组

$$\begin{cases}x_1+x_2=-a_1,\\x_2+x_3=a_2,\\x_3+x_4=-a_3,\\x_4+x_1=a_4\end{cases}$$

有解，则常数 a_1，a_2，a_3，a_4 应满足条件________.

【练习 4-15】 设矩阵

$$A=\begin{pmatrix}1 & 2 & -2\\ 4 & t & 3\\ 3 & -1 & 1\end{pmatrix},$$

B 为 3 阶非零矩阵，且 $AB=0$，则 $t=$________.

【练习 4-16】 对于线性方程组

$$\begin{cases}\lambda x_1+x_2+x_3=\lambda-3,\\ x_1+\lambda x_2+x_3=-2,\\ x_1+x_2+\lambda x_3=-2,\end{cases}$$

讨论 λ 取何值时，方程组有唯一解、无解和无穷多解？在方程组有无穷多解时，试用其导出组的基础解系表示全部解.

【练习 4-17】 已知线性方程组

$$\begin{cases}x_1+x_2-2x_3+3x_4=0,\\ 2x_1+x_2-6x_3+4x_4=-1,\\ 3x_1+2x_2+px_3+7x_4=-1,\\ x_1-x_2-6x_3-x_4=t.\end{cases}$$

讨论参数 p，t 取何值时，方程组无解、有解？当有解时，试求其通解.

【练习 4-18】 已知平面上 3 条不同直线的方程如下：

$$l_1: ax+2by+3c=0,$$
$$l_2: bx+2cy+3a=0,$$
$$l_3: cx+2ay+3b=0.$$

试证：这 3 条直线交于一点的充分必要条件为 $a+b+c=0$.

§ 4.4 全部隔离（一堆方程组）

知识梳理

1. 定义

（1）A 和 B 均已知；

（2）C 未知.

此时，称 $AC=B$ 为“矩阵方程”.

例如，

$$\begin{pmatrix}1 & -2 & -3\\ 0 & 5 & -4\\ 2 & 2 & 1\end{pmatrix}(C_1\quad C_2\quad C_3)=\begin{pmatrix}1 & -1 & 2\\ -1 & 2 & 4\\ 2 & -3 & 5\end{pmatrix}.$$

2. 解的判定

（1）$\boldsymbol{Ax}=\boldsymbol{b}$ 的增广矩阵.

例如，

$$\overline{\boldsymbol{A}}=(\boldsymbol{A}\mid\boldsymbol{b})=\left(\begin{array}{ccc:c}1&-2&-3&1\\0&5&-4&-1\\2&2&1&2\end{array}\right).$$

（2）$\boldsymbol{AC}=\boldsymbol{B}$ 的增广矩阵.

例如，

$$\overline{\boldsymbol{A}}=(\boldsymbol{A}\mid\boldsymbol{B})=\left(\begin{array}{ccc:c:c:c}1&-2&-3&1&-1&2\\0&5&-4&-1&2&4\\2&2&1&2&-3&5\end{array}\right).$$

注意 $\boldsymbol{B}$ 的所有列都要画隔离线，简称："全部隔离".

视频 4－8 "全部隔离"

图 4－8 "全部隔离"

（3）"解的判定"方法.

例如，

$$\left(\begin{array}{ccc:c:c:c}1&-2&-3&1&-1&2\\0&5&-4&-1&2&4\\0&0&0&0&-3&0\end{array}\right).$$

① 阶梯线是否塌陷.

将$\overline{\boldsymbol{A}}$ 化为行阶梯形矩阵后，如果阶梯线在任何一个隔离线.处出现塌陷，那么，该方程组 $\boldsymbol{AC}=\boldsymbol{B}$ 无解；如果阶梯线在任何一个隔离线.处均未出现塌陷（地面是平直的），那么，该方程组 $\boldsymbol{AC}=\boldsymbol{B}$ 有解.

② 阶梯线的行数.

"阶梯线的行数＝独立方程的个数".

当方程组 $\boldsymbol{AC}=\boldsymbol{B}$ 有解时，若"阶梯线的行数＝未知数的个数 n"，即"独立方程的个数＝

未知数的个数 n”，则方程组 $\boldsymbol{AC}=\boldsymbol{B}$ 有唯一解；

当方程组 $\boldsymbol{AC}=\boldsymbol{B}$ 有解时，若“阶梯线的行数＜未知数的个数 n”，即“独立方程的个数＜未知数的个数 n”，则方程组 $\boldsymbol{AC}=\boldsymbol{B}$ 有无穷多解.

3. 阶梯线的特点

例如，

$$\begin{pmatrix} 1 & 0 & 3 & 2 & 0 \\ 0 & 1 & 2 & -1 & 7 \\ 0 & 0 & 0 & 1 & 0 \\ 0 & 0 & 0 & 0 & 0 \end{pmatrix}.$$

(1) 阶梯线的下方全是“0”；

(2) 整个阶梯线以“竖线”开始，以“横线”结尾；

(3) 因为竖线和横线是成对出现的，所以，竖线和横线的个数相同；

(4)“阶梯线的行数＝竖线的个数＝横线的个数”；

(5) 竖线的长度恒为 1，横线的长度可以为 1，也可以大于 1；

(6) 每一条横线上的第一个数字不能为“0”；

(7) 阶梯线应该从左向右画，而且阶梯线只能往下走、不能往上走.

4. “解的判定”所在的位置

$\overline{\boldsymbol{A}}$→行阶梯形→解的判定→行最简形→通解.

例 4－15. (2018 年)已知 a 是常数，且矩阵

$$\boldsymbol{A}=\begin{pmatrix} 1 & 2 & a \\ 1 & 3 & 0 \\ 2 & 7 & -a \end{pmatrix}$$

可经初等列变换化为矩阵

$$\boldsymbol{B}=\begin{pmatrix} 1 & a & 2 \\ 0 & 1 & 1 \\ -1 & 1 & 1 \end{pmatrix}.$$

(1) 求 a；

(2) 求满足 $\boldsymbol{AP}=\boldsymbol{B}$ 的可逆矩阵 $\boldsymbol{P}$.

分析　(1)由题意得：$R(\boldsymbol{A})=R(\boldsymbol{B})$；

(2) 双矩阵的乘法计算：$\boldsymbol{AB}$，口诀：“乘初方向”；

非齐次方程组：“画鸡特通(麻花相反，鱼竿相同)”.

解　(1)

$$\boldsymbol{A}=\begin{pmatrix} 1 & 2 & a \\ 1 & 3 & 0 \\ 2 & 7 & -a \end{pmatrix} \to \begin{pmatrix} 1 & 2 & a \\ 1 & 3 & 0 \\ 3 & 9 & 0 \end{pmatrix} \to \begin{pmatrix} 1 & 2 & a \\ 1 & 3 & 0 \\ 0 & 0 & 0 \end{pmatrix},$$

$R(\boldsymbol{A})=2$. 由于 $R(\boldsymbol{A})=R(\boldsymbol{B})$，$R(\boldsymbol{B})=2$，$|\boldsymbol{B}|=0$.

$$|\boldsymbol{B}|=\begin{vmatrix}1 & a & 2\\ 0 & 1 & 1\\ -1 & 1 & 1\end{vmatrix}=\begin{vmatrix}0 & a+1 & 3\\ 0 & 1 & 1\\ -1 & 1 & 1\end{vmatrix}=-1\times(-1)^{3+1}\begin{vmatrix}a+1 & 3\\ 1 & 1\end{vmatrix}=-(a+1-3)=0,$$

解得 $a=2$.

(2)

$$\overline{\boldsymbol{A}}=(\boldsymbol{A}\mid\boldsymbol{B})=\left(\begin{array}{ccc|ccc}1 & 2 & 2 & 1 & 2 & 2\\ 1 & 3 & 0 & 0 & 1 & 1\\ 2 & 7 & -2 & -1 & 1 & 1\end{array}\right)\to\left(\begin{array}{ccc|c|c|c}1 & 2 & 2 & 1 & 2 & 2\\ 0 & 1 & -2 & -1 & -1 & -1\\ 0 & 0 & 0 & 0 & 0 & 0\end{array}\right)$$

$$\to\left(\begin{array}{ccc|c|c|c}1 & 0 & 6 & 3 & 4 & 4\\ 0 & 1 & -2 & -1 & -1 & -1\\ 0 & 0 & 0 & 0 & 0 & 0\end{array}\right).$$

$$①\boldsymbol{p}_1=k_1\begin{pmatrix}-6\\ 2\\ 1\end{pmatrix}+\begin{pmatrix}3\\ -1\\ 0\end{pmatrix};\ ②\boldsymbol{p}_2=k_2\begin{pmatrix}-6\\ 2\\ 1\end{pmatrix}+\begin{pmatrix}4\\ -1\\ 0\end{pmatrix};\ ③\boldsymbol{p}_3=k_3\begin{pmatrix}-6\\ 2\\ 1\end{pmatrix}+\begin{pmatrix}4\\ -1\\ 0\end{pmatrix},$$

$$\boldsymbol{P}=(\boldsymbol{p}_1,\ \boldsymbol{p}_2,\ \boldsymbol{p}_3)=\begin{pmatrix}-6k_1+3 & -6k_2+4 & -6k_3+4\\ 2k_1-1 & 2k_2-1 & 2k_3-1\\ k_1 & k_2 & k_3\end{pmatrix},$$

其中,k_1, k_2, k_3 为任意常数,且 $k_2\neq k_3$.

例 4-16 (2014 年)设矩阵

$$\boldsymbol{A}=\begin{pmatrix}1 & -2 & 3 & -4\\ 0 & 1 & -1 & 1\\ 1 & 2 & 0 & -3\end{pmatrix},$$

$\boldsymbol{E}$ 为 3 阶单位矩阵.

(1) 求方程组 $\boldsymbol{Ax}=\boldsymbol{0}$ 的一个基础解系;

(2) 求满足 $\boldsymbol{AB}=\boldsymbol{E}$ 的所有矩阵 $\boldsymbol{B}$.

分析 (1) 双矩阵的乘法计算:$\boldsymbol{AB}$,口诀:“乘初方向”;

(2) 非齐次方程组:“画鸡特通(麻花相反,鱼竿相同)”.

解 (1) ① 方程组的化简(最简形).

$$\boldsymbol{A}=\begin{pmatrix}1 & -2 & 3 & -4\\ 0 & 1 & -1 & 1\\ 1 & 2 & 0 & -3\end{pmatrix}\to\begin{pmatrix}1 & -2 & 3 & -4\\ 0 & 1 & -1 & 1\\ 0 & 4 & -3 & 1\end{pmatrix}$$

$$\to\begin{pmatrix}1 & -2 & 3 & -4\\ 0 & 1 & -1 & 1\\ 0 & 0 & 1 & -3\end{pmatrix}\to\begin{pmatrix}1 & 0 & 0 & 1\\ 0 & 1 & 0 & -2\\ 0 & 0 & 1 & -3\end{pmatrix}.$$

② 基础解系.

$$\boldsymbol{\xi}=\begin{pmatrix}-1\\2\\3\\1\end{pmatrix}.$$

(2)

$$\overline{\boldsymbol{A}}=(\boldsymbol{A}\mid\boldsymbol{E})=\left(\begin{array}{cccc|ccc}1&-2&3&-4&1&0&0\\0&1&-1&1&0&1&0\\1&2&0&-3&0&0&1\end{array}\right)$$

$$\to\left(\begin{array}{cccc|c|c|c}1&-2&3&-4&1&0&0\\0&1&-1&1&0&1&0\\0&0&1&-3&-1&-4&1\end{array}\right)\to\left(\begin{array}{cccc|c|c|c}1&0&0&1&2&6&-1\\0&1&0&-2&-1&-3&1\\0&0&1&-3&-1&-4&1\end{array}\right).$$

① $\boldsymbol{b}_1=k_1\begin{pmatrix}-1\\2\\3\\1\end{pmatrix}+\begin{pmatrix}2\\-1\\-1\\0\end{pmatrix}$；② $\boldsymbol{b}_2=k_2\begin{pmatrix}-1\\2\\3\\1\end{pmatrix}+\begin{pmatrix}6\\-3\\-4\\0\end{pmatrix}$；③ $\boldsymbol{b}_3=k_3\begin{pmatrix}-1\\2\\3\\1\end{pmatrix}+\begin{pmatrix}-1\\1\\1\\0\end{pmatrix}$，

$\boldsymbol{B}=(\boldsymbol{b}_1,\boldsymbol{b}_2,\boldsymbol{b}_3)=\begin{pmatrix}-k_1+2&-k_2+6&-k_3-1\\2k_1-1&2k_2-3&2k_3+1\\3k_1-1&3k_2-4&3k_3+1\\k_1&k_2&k_3\end{pmatrix}$，其中，$k_1$，$k_2$，$k_3$ 为任意常数.

§4.5　本章超纲内容汇总

1. 方程组的公共解问题

例如，(1994年)设四元齐次线性方程组Ⅰ为

$$\begin{cases}x_1+x_2=0,\\x_2-x_4=0.\end{cases}$$

又已知某齐次线性方程组Ⅱ的通解为 $k_1(0,1,1,0)^{\mathrm{T}}+k_2(-1,2,2,1)^{\mathrm{T}}$.

(1) 求线性方程组Ⅰ的基础解系；

(2) 问线性方程组Ⅰ和Ⅱ是否有非零公共解？若有，则求出所有的非零公共解；若没有，则说明理由.

2. 方程组的同解问题

例如，(2005年)已知齐次线性方程组

$$\begin{cases}x_1+2x_2+3x_3=0,\\2x_1+3x_2+5x_3=0,\\x_1+x_2+ax_3=0\end{cases}\quad 和 \quad\begin{cases}x_1+bx_2+cx_3=0,\\2x_1+b^2x_2+(c+1)x_3=0\end{cases}$$

同解，求 a，b，c 的值.

第 5 章 向 量

§5.1 内外有别(向量的计算)

1. 向量的基本计算

表 5-1 向量的计算

序号	计算类型	列向量 $\boldsymbol{\alpha}=\begin{pmatrix}a_1\\a_2\\a_3\end{pmatrix}$, $\boldsymbol{\beta}=\begin{pmatrix}b_1\\b_2\\b_3\end{pmatrix}$	行向量 $\boldsymbol{\alpha}^{\mathrm{T}}=(a_1, a_2, a_3)$
1	$\lvert \boldsymbol{A} \rvert$	×	×
2	$\boldsymbol{A}^{-1}$	×	×
3	$\boldsymbol{A}^{*}$	×	×
4	$\boldsymbol{A}^{\mathrm{T}}$	$\boldsymbol{\alpha}^{\mathrm{T}}=(a_1, a_2, a_3)$	$(\boldsymbol{\alpha}^{\mathrm{T}})^{\mathrm{T}}=\boldsymbol{\alpha}$
5	$R(\boldsymbol{A})$	$R(\boldsymbol{\alpha})=1$ 或 0	$R(\boldsymbol{\alpha}^{\mathrm{T}})=1$ 或 0
6	$\boldsymbol{A}+\boldsymbol{B}$	$\boldsymbol{\alpha}\pm\boldsymbol{\beta}=\begin{pmatrix}a_1\pm b_1\\a_2\pm b_2\\a_3\pm b_3\end{pmatrix}$	$\boldsymbol{\alpha}^{\mathrm{T}}\pm\boldsymbol{\beta}^{\mathrm{T}}=(a_1\pm b_1, a_2\pm b_2, a_3\pm b_3)$
7	$k\boldsymbol{A}$	$k\boldsymbol{\alpha}=k\begin{pmatrix}a_1\\a_2\\a_3\end{pmatrix}=\begin{pmatrix}ka_1\\ka_2\\ka_3\end{pmatrix}$	$k\boldsymbol{\alpha}^{\mathrm{T}}=(ka_1, ka_2, ka_3)$
8	$\boldsymbol{AB}$	$\boldsymbol{\alpha}^{\mathrm{T}}\boldsymbol{\beta}=(a_1, a_2, a_3)\begin{pmatrix}b_1\\b_2\\b_3\end{pmatrix}=a_1b_1+a_2b_2+a_3b_3$	$\boldsymbol{\alpha}\boldsymbol{\beta}^{\mathrm{T}}=\begin{pmatrix}a_1\\a_2\\a_3\end{pmatrix}(b_1, b_2, b_3)=\begin{pmatrix}a_1b_1 & a_1b_2 & a_1b_3\\a_2b_1 & a_2b_2 & a_2b_3\\a_3b_1 & a_3b_2 & a_3b_3\end{pmatrix}$
9	$\boldsymbol{A}^{k}$	×	×

（1）向量的加减.

$$\boldsymbol{\alpha} \pm \boldsymbol{\beta} = \begin{pmatrix} a_1 \pm b_1 \\ a_2 \pm b_2 \\ a_3 \pm b_3 \end{pmatrix},$$

$$\boldsymbol{\alpha}^{\mathrm{T}} \pm \boldsymbol{\beta}^{\mathrm{T}} = (a_1 \pm b_1, \quad a_2 \pm b_2, \quad a_3 \pm b_3).$$

（2）向量的数乘.

$$k\boldsymbol{\alpha} = k \begin{pmatrix} a_1 \\ a_2 \\ a_3 \end{pmatrix} = \begin{pmatrix} ka_1 \\ ka_2 \\ ka_3 \end{pmatrix},$$

$$k\boldsymbol{\alpha} = k(a_1, \quad a_2, \quad a_3) = (ka_1, \quad ka_2, \quad ka_3).$$

定理：$k\boldsymbol{\alpha} = \mathbf{0}$，且 $\boldsymbol{\alpha} \neq \mathbf{0} \Rightarrow k = 0$.

（3）向量的乘法.

内积　$\boldsymbol{\alpha}^{\mathrm{T}}\boldsymbol{\beta} = (a_1, \quad a_2, \quad a_3) \begin{pmatrix} b_1 \\ b_2 \\ b_3 \end{pmatrix} = a_1 b_1 + a_2 b_2 + a_3 b_3.$

① $(\boldsymbol{\alpha}, \boldsymbol{\beta}) = \boldsymbol{\alpha}^{\mathrm{T}}\boldsymbol{\beta}$；

② $(\boldsymbol{\beta}, \boldsymbol{\alpha}) = \boldsymbol{\beta}^{\mathrm{T}}\boldsymbol{\alpha}$；

③ $(\boldsymbol{\alpha}, \boldsymbol{\beta}) = (\boldsymbol{\beta}, \boldsymbol{\alpha})$.

外积　$\boldsymbol{\alpha}\boldsymbol{\beta}^{\mathrm{T}} = \begin{pmatrix} a_1 \\ a_2 \\ a_3 \end{pmatrix} (b_1, \quad b_2, \quad b_3) = \begin{pmatrix} a_1 b_1 & a_1 b_2 & a_1 b_3 \\ a_2 b_1 & a_2 b_2 & a_2 b_3 \\ a_3 b_1 & a_3 b_2 & a_3 b_3 \end{pmatrix}.$

定理：$\boldsymbol{\alpha} \neq \mathbf{0}$ 且 $\boldsymbol{\beta} \neq \mathbf{0}$ 时，$R(\boldsymbol{\alpha}\boldsymbol{\beta}^{\mathrm{T}}) = 1$.

小结　向量的乘法有内积和外积 2 种. 两者的计算结果完全不同，简称："内外有别".

内外有别

图 5-1　"内外有别"

视频 5-1　"内外有别"

2. 乘法的向量形式

（1）矩阵的表达形式.

①$\boldsymbol{A}$；②$(\boldsymbol{\alpha}_1,\ \boldsymbol{\alpha}_2,\ \boldsymbol{\alpha}_3)$；③$\begin{pmatrix} k_1 & k_4 & k_7 \\ k_2 & k_5 & k_8 \\ k_3 & k_6 & k_9 \end{pmatrix}$.

（2）乘法 $\boldsymbol{A}\times\boldsymbol{B}$.

①×②型：

$$\boldsymbol{A}(\boldsymbol{\beta}_1,\ \boldsymbol{\beta}_2,\ \boldsymbol{\beta}_3)=(\boldsymbol{A\beta}_1,\ \boldsymbol{A\beta}_2,\ \boldsymbol{A\beta}_3).$$

②×③型：

$$(\boldsymbol{\alpha}_1,\ \boldsymbol{\alpha}_2,\ \boldsymbol{\alpha}_3)\begin{pmatrix} k_1 & k_4 & k_7 \\ k_2 & k_5 & k_8 \\ k_3 & k_6 & k_9 \end{pmatrix}$$

$$=(k_1\boldsymbol{\alpha}_1+k_2\boldsymbol{\alpha}_2+k_3\boldsymbol{\alpha}_3,\ k_4\boldsymbol{\alpha}_1+k_5\boldsymbol{\alpha}_2+k_6\boldsymbol{\alpha}_3,\ k_7\boldsymbol{\alpha}_1+k_8\boldsymbol{\alpha}_2+k_9\boldsymbol{\alpha}_3).$$

注意 顺序不能颠倒，必须是 ①×② 或 ②×③；记忆方法："一二三四歌，军歌嘹亮".

视频 5-2 "军歌嘹亮"

图 5-2 "军歌嘹亮"

（3）乘法 $\boldsymbol{Ax}$.

②×③型：

$$(\boldsymbol{\alpha}_1,\ \boldsymbol{\alpha}_2,\ \boldsymbol{\alpha}_3)\begin{pmatrix} x_1 \\ x_2 \\ x_3 \end{pmatrix}=x_1\boldsymbol{\alpha}_1+x_2\boldsymbol{\alpha}_2+x_3\boldsymbol{\alpha}_3.$$

结论："方阵×列向量=列向量".

3. 乘法的向量形式(扩展)

（1）矩阵的表达形式.

①$\boldsymbol{A}$；②$(\boldsymbol{\alpha}_1,\ \boldsymbol{\alpha}_2,\ \boldsymbol{\alpha}_3)$；③$\begin{pmatrix} k_1 & k_4 & k_7 \\ k_2 & k_5 & k_8 \\ k_3 & k_6 & k_9 \end{pmatrix}$.

(2) 乘法 $\boldsymbol{Ax}$.

②×③型：

乘法：$(\boldsymbol{\alpha}_1,\ \boldsymbol{\alpha}_2,\ \boldsymbol{\alpha}_3)\begin{pmatrix}x_1\\x_2\\x_3\end{pmatrix}=x_1\boldsymbol{\alpha}_1+x_2\boldsymbol{\alpha}_2+x_3\boldsymbol{\alpha}_3$；

因式分解：$x_1\boldsymbol{\alpha}_1+x_2\boldsymbol{\alpha}_2+x_3\boldsymbol{\alpha}_3=(\boldsymbol{\alpha}_1,\ \boldsymbol{\alpha}_2,\ \boldsymbol{\alpha}_3)\begin{pmatrix}x_1\\x_2\\x_3\end{pmatrix}$.

(3) 乘法 $\boldsymbol{A}\times\boldsymbol{B}$.

②×③型：

乘法：$(\boldsymbol{\alpha}_1,\ \boldsymbol{\alpha}_2,\ \boldsymbol{\alpha}_3)\begin{pmatrix}k_1&k_4&k_7\\k_2&k_5&k_8\\k_3&k_6&k_9\end{pmatrix}$

$$=(k_1\boldsymbol{\alpha}_1+k_2\boldsymbol{\alpha}_2+k_3\boldsymbol{\alpha}_3,\ k_4\boldsymbol{\alpha}_1+k_5\boldsymbol{\alpha}_2+k_6\boldsymbol{\alpha}_3,\ k_7\boldsymbol{\alpha}_1+k_8\boldsymbol{\alpha}_2+k_9\boldsymbol{\alpha}_3)；$$

因式分解：$(k_1\boldsymbol{\alpha}_1+k_2\boldsymbol{\alpha}_2+k_3\boldsymbol{\alpha}_3,\ k_4\boldsymbol{\alpha}_1+k_5\boldsymbol{\alpha}_2+k_6\boldsymbol{\alpha}_3,\ k_7\boldsymbol{\alpha}_1+k_8\boldsymbol{\alpha}_2+k_9\boldsymbol{\alpha}_3)$

$$=(\boldsymbol{\alpha}_1,\ \boldsymbol{\alpha}_2,\ \boldsymbol{\alpha}_3)\begin{pmatrix}k_1&k_4&k_7\\k_2&k_5&k_8\\k_3&k_6&k_9\end{pmatrix}.$$

①×②型：

乘法：$\boldsymbol{A}(\boldsymbol{\beta}_1,\ \boldsymbol{\beta}_2,\ \boldsymbol{\beta}_3)=(\boldsymbol{A\beta}_1,\ \boldsymbol{A\beta}_2,\ \boldsymbol{A\beta}_3)$；

因式分解：$(\boldsymbol{A\beta}_1,\ \boldsymbol{A\beta}_2,\ \boldsymbol{A\beta}_3)=\boldsymbol{A}(\boldsymbol{\beta}_1,\ \boldsymbol{\beta}_2,\ \boldsymbol{\beta}_3)$.

例 5-1　(2017 年)设 $\boldsymbol{\alpha}$ 是 n 维单位列向量，$\boldsymbol{E}$ 为 n 阶单位矩阵，则(　　).

A. $\boldsymbol{E}-\boldsymbol{\alpha\alpha}^{\mathrm{T}}$ 不可逆　　B. $\boldsymbol{E}+\boldsymbol{\alpha\alpha}^{\mathrm{T}}$ 不可逆

C. $\boldsymbol{E}+2\boldsymbol{\alpha\alpha}^{\mathrm{T}}$ 不可逆　　D. $\boldsymbol{E}-2\boldsymbol{\alpha\alpha}^{\mathrm{T}}$ 不可逆

解　假设 $n=3$，$\boldsymbol{\alpha}=\begin{pmatrix}1\\0\\0\end{pmatrix}$，则 $\boldsymbol{\alpha\alpha}^{\mathrm{T}}=\begin{pmatrix}1\\0\\0\end{pmatrix}(1\quad 0\quad 0)=\begin{pmatrix}1&0&0\\0&0&0\\0&0&0\end{pmatrix}$.

对于 A 选项，

$$\boldsymbol{E}-\boldsymbol{\alpha\alpha}^{\mathrm{T}}=\begin{pmatrix}0&&\\&1&\\&&1\end{pmatrix},$$

很明显行列式等于零，故不可逆.

对于 B 选项，

$$\boldsymbol{E}+\boldsymbol{\alpha\alpha}^{\mathrm{T}}=\begin{pmatrix}2&&\\&1&\\&&1\end{pmatrix},$$

行列式不等于零,故可逆.

对于C选项,

$$E+2\alpha\alpha^{T}=\begin{pmatrix}3&&\\&1&\\&&1\end{pmatrix},$$

行列式不等于零,故可逆.

对于D选项,

$$E-2\alpha\alpha^{T}=\begin{pmatrix}-1&&\\&1&\\&&1\end{pmatrix},$$

行列式不等于零,故可逆.

所以,本题答案为A选项.

例 5-2 设 n 维向量 $\boldsymbol{\alpha}=(a,0,\cdots,0,a)^{T}$, $a<0$, $\boldsymbol{E}$ 为 n 阶单位矩阵,矩阵 $\boldsymbol{A}=\boldsymbol{E}-\boldsymbol{\alpha\alpha}^{T}$, $\boldsymbol{B}=\boldsymbol{E}+\frac{1}{a}\boldsymbol{\alpha\alpha}^{T}$,其中,$\boldsymbol{A}$ 的逆矩阵为 $\boldsymbol{B}$,则 $a=$________.

解 由于 $\boldsymbol{A}$ 的逆矩阵为 $\boldsymbol{B}$, $\boldsymbol{AB}=\boldsymbol{E}$. 因此,

$$(\boldsymbol{E}-\boldsymbol{\alpha\alpha}^{T})\left(\boldsymbol{E}+\frac{1}{a}\boldsymbol{\alpha\alpha}^{T}\right)=\boldsymbol{E},$$

$$\boldsymbol{E}+\frac{1}{a}\boldsymbol{\alpha\alpha}^{T}-\boldsymbol{\alpha\alpha}^{T}-\frac{1}{a}\boldsymbol{\alpha}(\boldsymbol{\alpha}^{T}\boldsymbol{\alpha})\boldsymbol{\alpha}^{T}=\boldsymbol{E},$$

$$\frac{1}{a}\boldsymbol{\alpha\alpha}^{T}-\boldsymbol{\alpha\alpha}^{T}-\frac{1}{a}\cdot 2a^{2}\boldsymbol{\alpha\alpha}^{T}=\boldsymbol{O},$$

$$\left(\frac{1}{a}-1-2a\right)\boldsymbol{\alpha\alpha}^{T}=\boldsymbol{O}.$$

由于 $a<0$,有 $\boldsymbol{\alpha\alpha}^{T}\neq\boldsymbol{O}$, $\frac{1}{a}-1-2a=0$, $1-a-2a^{2}=0$, $2a^{2}+a-1=0$,即$(2a-1)(a+1)=0$,解得

$$a=\frac{1}{2}(\text{舍})\text{ 或 }a=-1.$$

例 5-3 设矩阵

$$\boldsymbol{A}=\begin{pmatrix}1&2&3\\-2&-4&-6\\3&6&9\end{pmatrix},$$

求 $\boldsymbol{A}^{100}$.

分析 求幂的口诀:“幂归对外”.

解　$\boldsymbol{A}$ 的各行之间呈倍数关系，故 $R(\boldsymbol{A})=1$，$\boldsymbol{A}$ 是外积的结果.

$$\boldsymbol{A}=\begin{pmatrix}1\\-2\\3\end{pmatrix}(1\quad 2\quad 3)=\boldsymbol{\alpha}\boldsymbol{\beta}^{\mathrm{T}},\quad \boldsymbol{\beta}^{\mathrm{T}}\boldsymbol{\alpha}=(1\quad 2\quad 3)\begin{pmatrix}1\\-2\\3\end{pmatrix}=1-4+9=6.$$

$$\boldsymbol{A}^{100}=\boldsymbol{\alpha}(\boldsymbol{\beta}^{\mathrm{T}}\cdot\boldsymbol{\alpha})(\boldsymbol{\beta}^{\mathrm{T}}\cdot\boldsymbol{\alpha})\boldsymbol{\beta}^{\mathrm{T}}\cdots\boldsymbol{\alpha}(\boldsymbol{\beta}^{\mathrm{T}}\cdot\boldsymbol{\alpha})\boldsymbol{\beta}^{\mathrm{T}}=6^{99}\boldsymbol{\alpha}\boldsymbol{\beta}^{\mathrm{T}}=6^{99}\boldsymbol{A}=6^{99}\begin{pmatrix}1&2&3\\-2&-4&-6\\3&6&9\end{pmatrix}.$$

例 5-4　(2017 年)设 3 阶矩阵 $\boldsymbol{A}=(\boldsymbol{\alpha}_1,\boldsymbol{\alpha}_2,\boldsymbol{\alpha}_3)$ 有 3 个不同的特征值，$R(\boldsymbol{A})=2$ 且 $\boldsymbol{\alpha}_3=\boldsymbol{\alpha}_1+2\boldsymbol{\alpha}_2$. 若 $\boldsymbol{\beta}=\boldsymbol{\alpha}_1+\boldsymbol{\alpha}_2+\boldsymbol{\alpha}_3$，求方程组 $\boldsymbol{Ax}=\boldsymbol{\beta}$ 的通解.

分析　$\boldsymbol{\beta}=\boldsymbol{\alpha}_1\cdot 1+\boldsymbol{\alpha}_2\cdot 1+\boldsymbol{\alpha}_3\cdot 1$，属于 ②×③ 型中的因式分解.

解　$\boldsymbol{\beta}=\boldsymbol{\alpha}_1\cdot 1+\boldsymbol{\alpha}_2\cdot 1+\boldsymbol{\alpha}_3\cdot 1=(\boldsymbol{\alpha}_1,\boldsymbol{\alpha}_2,\boldsymbol{\alpha}_3)\begin{pmatrix}1\\1\\1\end{pmatrix}=\boldsymbol{A}\begin{pmatrix}1\\1\\1\end{pmatrix}$，$\boldsymbol{\eta}=\begin{pmatrix}1\\1\\1\end{pmatrix}$.

由于 $\boldsymbol{\alpha}_3=\boldsymbol{\alpha}_1+2\boldsymbol{\alpha}_2$，$\boldsymbol{\alpha}_1+2\boldsymbol{\alpha}_2-\boldsymbol{\alpha}_3=\boldsymbol{0}$，

$$(\boldsymbol{\alpha}_1,\boldsymbol{\alpha}_2,\boldsymbol{\alpha}_3)\begin{pmatrix}1\\2\\-1\end{pmatrix}=\boldsymbol{A}\begin{pmatrix}1\\2\\-1\end{pmatrix}=\boldsymbol{0},\quad \boldsymbol{\xi}=\begin{pmatrix}1\\2\\-1\end{pmatrix}.$$

由于 $R(\boldsymbol{A})=2$，$3-R(\boldsymbol{A})=1$，$\boldsymbol{Ax}=\boldsymbol{0}$ 的基础解系只有一个解向量.

$\boldsymbol{Ax}=\boldsymbol{B}$ 的通解为 $k\begin{pmatrix}1\\2\\-1\end{pmatrix}+\begin{pmatrix}1\\1\\1\end{pmatrix}$，其中，$k$ 为任意常数.

例 5-5　(2016 年)设矩阵

$$\boldsymbol{A}=\begin{pmatrix}0&-1&1\\2&-3&0\\0&0&0\end{pmatrix},\quad \boldsymbol{A}^{99}=\begin{pmatrix}-2+2^{99}&1-2^{99}&2-2^{98}\\-2+2^{100}&1-2^{100}&2-2^{99}\\0&0&0\end{pmatrix}.$$

设 3 阶矩阵 $\boldsymbol{B}=(\boldsymbol{\alpha}_1,\boldsymbol{\alpha}_2,\boldsymbol{\alpha}_3)$，满足 $\boldsymbol{B}^2=\boldsymbol{BA}$. 记 $\boldsymbol{B}^{100}=(\boldsymbol{\beta}_1,\boldsymbol{\beta}_2,\boldsymbol{\beta}_3)$，将 $\boldsymbol{\beta}_1,\boldsymbol{\beta}_2,\boldsymbol{\beta}_3$ 分别表示为 $\boldsymbol{\alpha}_1,\boldsymbol{\alpha}_2,\boldsymbol{\alpha}_3$ 的线性组合.

解　$\boldsymbol{B}^3=\boldsymbol{B}\cdot\boldsymbol{B}^2=\boldsymbol{B}\cdot\boldsymbol{BA}=\boldsymbol{B}^2\boldsymbol{A}=\boldsymbol{BA}\cdot\boldsymbol{A}=\boldsymbol{BA}^2$，

$\boldsymbol{B}^4=\boldsymbol{B}\cdot\boldsymbol{B}^3=\boldsymbol{B}\cdot\boldsymbol{BA}^2=\boldsymbol{B}^2\boldsymbol{A}^2=\boldsymbol{BA}\cdot\boldsymbol{A}^2=\boldsymbol{BA}^3$.

$\boldsymbol{B}^{100}=\boldsymbol{B}\cdot\boldsymbol{A}^{99}$.

$$\begin{aligned}(\boldsymbol{\beta}_1,\boldsymbol{\beta}_2,\boldsymbol{\beta}_3)&=(\boldsymbol{\alpha}_1,\boldsymbol{\alpha}_2,\boldsymbol{\alpha}_3)\begin{pmatrix}-2+2^{99}&1-2^{99}&2-2^{98}\\-2+2^{100}&1-2^{100}&2-2^{99}\\0&0&0\end{pmatrix}\\&=((-2+2^{99})\boldsymbol{\alpha}_1+(-2+2^{100})\boldsymbol{\alpha}_2,\ (1-2^{99})\boldsymbol{\alpha}_1+(1-2^{100})\boldsymbol{\alpha}_2,\\&\quad(2-2^{98})\boldsymbol{\alpha}_1+(2-2^{99})\boldsymbol{\alpha}_2),\end{aligned}$$

有

$$\beta_1=(-2+2^{99})\alpha_1+(-2+2^{100})\alpha_2,$$
$$\beta_2=(1-2^{99})\alpha_1+(1-2^{100})\alpha_2,$$
$$\beta_3=(2-2^{98})\alpha_1+(2-2^{99})\alpha_2.$$

课堂练习

【练习 5-1】 若 $\alpha_1, \alpha_2, \alpha_3, \beta_1, \beta_2$ 都是 4 维列向量，且 4 阶行列式 $|\alpha_1, \alpha_2, \alpha_3, \beta_1|=m$，$|\alpha_1, \alpha_2, \beta_2, \alpha_3|=n$，则 4 阶行列式 $|\alpha_3, \alpha_2, \alpha_1, \beta_1+\beta_2|$ 等于(　　).

A. $m+n$　　B. $-(m+n)$　　C. $n-m$　　D. $m-n$

【练习 5-2】 设 n 维行向量 $\alpha=\left(\frac{1}{2}, 0, \cdots, 0, \frac{1}{2}\right)$，矩阵 $A=E-\alpha^{\mathrm{T}}\alpha$，$B=E+2\alpha^{\mathrm{T}}\alpha$，其中，$E$ 为 n 阶单位矩阵，则 AB 等于(　　).

A. O　　B. $-E$　　C. E　　D. $E+\alpha^{\mathrm{T}}\alpha$

【练习 5-3】 设 4×4 矩阵 $A=(\alpha, \gamma_2, \gamma_3, \gamma_4)$，$B=(\beta, \gamma_2, \gamma_3, \gamma_4)$，其中，$\alpha, \beta, \gamma_2, \gamma_3, \gamma_4$ 均为 4 维列向量，且已知 $|A|=4$，$|B|=1$，则行列式 $|A+B|=$________.

【练习 5-4】 设 a_1, a_2, a_3 均为 3 维列向量，记矩阵 $A=(a_1, a_2, a_3)$，

$B=(a_1+a_2+a_3, a_1+2a_2+4a_3, a_1+3a_2+9a_3)$. 如果 $|A|=1$，那么，$|B|=$________.

【练习 5-5】 已知 $\alpha=(1, 2, 3)$，$\beta=\left(1, \frac{1}{2}, \frac{1}{3}\right)$. 设 $A=\alpha^{\mathrm{T}}\beta$，其中，$\alpha^{\mathrm{T}}$ 是 α 的转置，则 $A^n=$________.

【练习 5-6】 设 α 为 3 维列向量，α^{T} 是 α 的转置. 若

$$\alpha\alpha^{\mathrm{T}}=\begin{pmatrix}1 & -1 & 1\\ -1 & 1 & -1\\ 1 & -1 & 1\end{pmatrix},$$

则 $\alpha^{\mathrm{T}}\alpha=$________.

【练习 5-7】 已知 3 阶矩阵 $B\neq O$，且 B 的每一个列向量都是以下方程组的解：

$$\begin{cases}x_1+2x_2-2x_3=0,\\ 2x_1-x_2+\lambda x_3=0,\\ 3x_1+x_2-x_3=0.\end{cases}$$

(1) 求 λ 的值；

(2) 证明：$|B|=0$.

【练习 5-8】 设矩阵

$$\alpha=\begin{pmatrix}1\\2\\1\end{pmatrix},\quad \beta=\begin{pmatrix}1\\ \frac{1}{2}\\ 0\end{pmatrix},\quad \gamma=\begin{pmatrix}0\\0\\8\end{pmatrix},$$

$\boldsymbol{A}=\boldsymbol{\alpha\beta}^{\mathrm{T}}$，$\boldsymbol{B}=\boldsymbol{\beta}^{\mathrm{T}}\boldsymbol{\alpha}$，其中，$\boldsymbol{\beta}^{\mathrm{T}}$ 是 $\boldsymbol{\beta}$ 的转置. 求解方程 $2\boldsymbol{B}^2\boldsymbol{A}^2\boldsymbol{x}=\boldsymbol{A}^4\boldsymbol{x}+\boldsymbol{B}^4\boldsymbol{x}+\boldsymbol{\gamma}$.

【练习 5-9】　设 $\boldsymbol{A}=\boldsymbol{E}-\boldsymbol{\xi\xi}^{\mathrm{T}}$，其中，$\boldsymbol{E}$ 是 n 阶单位矩阵，$\boldsymbol{\xi}$ 是 n 维非零列向量，$\boldsymbol{\xi}^{\mathrm{T}}$ 是 $\boldsymbol{\xi}$ 的转置. 证明：

(1) $\boldsymbol{A}^2=\boldsymbol{A}$ 的充要条件是 $\boldsymbol{\xi}^{\mathrm{T}}\boldsymbol{\xi}=1$；

(2) 当 $\boldsymbol{\xi}^{\mathrm{T}}\boldsymbol{\xi}=1$ 时，$\boldsymbol{A}$ 是不可逆矩阵.

§5.2　倍数的世界(向量的线性表示)

知识梳理

1. 定义

线性表示 1　给定向量组 $\boldsymbol{A}:\boldsymbol{\alpha}_1, \boldsymbol{\alpha}_2, \cdots, \boldsymbol{\alpha}_n$ 和向量 $\boldsymbol{\beta}$，如果存在一组数 $\lambda_1, \lambda_2, \cdots, \lambda_n$，使

$$\boldsymbol{\beta}=\lambda_1\boldsymbol{\alpha}_1+\lambda_2\boldsymbol{\alpha}_2+\cdots+\lambda_n\boldsymbol{\alpha}_n,$$

$$\boldsymbol{\beta}=(\boldsymbol{\alpha}_1, \boldsymbol{\alpha}_2, \cdots, \boldsymbol{\alpha}_n)\begin{pmatrix}\lambda_1\\ \lambda_2\\ \vdots\\ \lambda_n\end{pmatrix},$$

即 $\boldsymbol{\beta}=\boldsymbol{A\lambda}$，这时称向量 $\boldsymbol{\beta}$ 能由向量组 $\boldsymbol{A}$ 线性表示.

向量 $\boldsymbol{\beta}$ 能由向量组 $\boldsymbol{A}$ 线性表示 $\Leftrightarrow$ 方程组 $\boldsymbol{Ax}=\boldsymbol{\beta}$ 有解.

注意　“线性”即为“倍数”的意思.

线性表示 2　设有两个向量组 $\boldsymbol{A}:\boldsymbol{\alpha}_1, \boldsymbol{\alpha}_2, \cdots, \boldsymbol{\alpha}_n$ 及 $\boldsymbol{B}:\boldsymbol{\beta}_1, \boldsymbol{\beta}_2, \cdots, \boldsymbol{\beta}_m$，若 $\boldsymbol{B}$ 向量组中的每个向量都能由向量组 $\boldsymbol{A}$ 线性表示，即

$$\boldsymbol{\beta}_1=\boldsymbol{A\gamma}_1,$$
$$\boldsymbol{\beta}_2=\boldsymbol{A\gamma}_2,$$
$$\cdots$$
$$\boldsymbol{\beta}_m=\boldsymbol{A\gamma}_m,$$

$$(\boldsymbol{\beta}_1, \boldsymbol{\beta}_2, \cdots, \boldsymbol{\beta}_m)=(\boldsymbol{A\gamma}_1, \boldsymbol{A\gamma}_2, \cdots, \boldsymbol{A\gamma}_m)=\boldsymbol{A}(\boldsymbol{\gamma}_1, \boldsymbol{\gamma}_2, \cdots, \boldsymbol{\gamma}_m),$$

则 $\boldsymbol{B}=\boldsymbol{AC}$，这时称向量组 $\boldsymbol{B}$ 能由向量组 $\boldsymbol{A}$ 线性表示.

向量组 $\boldsymbol{B}$ 能由向量组 $\boldsymbol{A}$ 线性表示 $\Leftrightarrow$ 矩阵方程 $\boldsymbol{AC}=\boldsymbol{B}$ 有解.

向量组等价　若向量组 $\boldsymbol{A}$ 与向量组 $\boldsymbol{B}$ 能相互线性表示，则称这两个向量组等价.

向量组 $\boldsymbol{A}$ 与向量组 $\boldsymbol{B}$ 等价 $\Leftrightarrow$ 矩阵方程 $\boldsymbol{AC}=\boldsymbol{B}$ 和 $\boldsymbol{BD}=\boldsymbol{A}$ 均有解.

2. 定理

定理 1　向量 $\boldsymbol{\beta}$ 能由向量组 $\boldsymbol{A}:\boldsymbol{\alpha}_1, \boldsymbol{\alpha}_2, \cdots, \boldsymbol{\alpha}_n$ 线性表示的充分必要条件是矩阵 $\boldsymbol{A}=$

$(\boldsymbol{\alpha}_1, \boldsymbol{\alpha}_2, \cdots, \boldsymbol{\alpha}_n)$ 的秩等于矩阵 $\boldsymbol{B}=(\boldsymbol{\alpha}_1, \boldsymbol{\alpha}_2, \cdots, \boldsymbol{\alpha}_n, \boldsymbol{\beta})$ 的秩.

定理 2 向量组 $\boldsymbol{B}: \boldsymbol{\beta}_1, \boldsymbol{\beta}_2, \cdots, \boldsymbol{\beta}_m$ 能由向量组 $\boldsymbol{A}: \boldsymbol{\alpha}_1, \boldsymbol{\alpha}_2, \cdots, \boldsymbol{\alpha}_n$ 线性表示的充分必要条件是矩阵 $\boldsymbol{A}=(\boldsymbol{\alpha}_1, \boldsymbol{\alpha}_2, \cdots, \boldsymbol{\alpha}_n)$ 的秩等于矩阵 $(\boldsymbol{A}, \boldsymbol{B})=(\boldsymbol{\alpha}_1, \boldsymbol{\alpha}_2, \cdots, \boldsymbol{\alpha}_n, \boldsymbol{\beta}_1, \boldsymbol{\beta}_2, \cdots, \boldsymbol{\beta}_m)$ 的秩，即 $R(\boldsymbol{A})=R(\boldsymbol{A}, \boldsymbol{B})$.

定理 3 向量组 $\boldsymbol{A}: \boldsymbol{\alpha}_1, \boldsymbol{\alpha}_2, \cdots, \boldsymbol{\alpha}_n$ 与向量组 $\boldsymbol{B}: \boldsymbol{\beta}_1, \boldsymbol{\beta}_2, \cdots, \boldsymbol{\beta}_m$ 等价的充分必要条件是 $R(\boldsymbol{A})=R(\boldsymbol{B})=R(\boldsymbol{A}, \boldsymbol{B})$，其中，$\boldsymbol{A}$ 和 $\boldsymbol{B}$ 是向量组 $\boldsymbol{A}$ 和 $\boldsymbol{B}$ 所构成的矩阵.

定理 4 设向量组 $\boldsymbol{B}: \boldsymbol{\beta}_1, \boldsymbol{\beta}_2, \cdots, \boldsymbol{\beta}_m$ 能由向量组 $\boldsymbol{A}: \boldsymbol{\alpha}_1, \boldsymbol{\alpha}_2, \cdots, \boldsymbol{\alpha}_n$ 线性表示，则 $R(\boldsymbol{B}) \leqslant R(\boldsymbol{A})$，其中，$\boldsymbol{A}$ 和 $\boldsymbol{B}$ 是向量组 $\boldsymbol{A}$ 和 $\boldsymbol{B}$ 所构成的矩阵.

3. 待定系数法

(1) 求“函数关系式”的一般步骤如下：

① 设 $y=kx$；

② 根据已知条件，求 k；

③ 将 k 回代到①式，完成.

(2) 求“线性表示 1”的一般步骤如下：

① 设倍数表达式为 $\boldsymbol{Ax}=\boldsymbol{\beta}$；

② 根据已知条件，求 $\boldsymbol{x}$；

③ 将 $\boldsymbol{x}$ 回代到①式，完成.

(3) 求“线性表示 2”的一般步骤如下：

① 设倍数表达式为 $\boldsymbol{AC}=\boldsymbol{B}$；

② 根据已知条件，求 $\boldsymbol{C}$；

③ 将 $\boldsymbol{C}$ 回代到①式，完成.

例 5-6 某正比例函数经过点(2，3)，求此正比例函数的表达式.

解 待定系数法.

(1) 设 $y=kx(k\neq 0)$.

(2) 由于函数过点(2，3)，有 $3=2k$，$k=\dfrac{3}{2}$.

(3) $y=\dfrac{3}{2}x$.

例 5-7 设向量

$$\boldsymbol{\alpha}_1=\begin{pmatrix}1\\1\\2\\2\end{pmatrix}, \quad \boldsymbol{\alpha}_2=\begin{pmatrix}1\\2\\1\\3\end{pmatrix}, \quad \boldsymbol{\alpha}_3=\begin{pmatrix}1\\-1\\4\\0\end{pmatrix}, \quad \boldsymbol{\beta}=\begin{pmatrix}1\\0\\3\\1\end{pmatrix},$$

将向量 $\boldsymbol{\beta}$ 由向量组 $\boldsymbol{\alpha}_1, \boldsymbol{\alpha}_2, \boldsymbol{\alpha}_3$ 线性表示.

分析 (1)“线性表示”即为“倍数表示”的意思；

(2) 非齐次方程组：“画鸡特通(麻花相反，鱼竿相同)”.

解　(1) 令 $\boldsymbol{A}=(\boldsymbol{\alpha}_1, \boldsymbol{\alpha}_2, \boldsymbol{\alpha}_3)$,设 $\boldsymbol{Ax}=\boldsymbol{\beta}$.

(2) $\overline{\boldsymbol{A}}=(\boldsymbol{A} \mid \boldsymbol{\beta})=\begin{pmatrix}1 & 1 & 1 & 1\\ 1 & 2 & -1 & 0\\ 2 & 1 & 4 & 3\\ 2 & 3 & 0 & 1\end{pmatrix}\rightarrow\begin{pmatrix}1 & 0 & 3 & 2\\ 0 & 1 & -2 & -1\\ 0 & 0 & 0 & 0\\ 0 & 0 & 0 & 0\end{pmatrix}$.

$$\boldsymbol{x}=\begin{pmatrix}x_1\\ x_2\\ x_3\end{pmatrix}=k\begin{pmatrix}-3\\ 2\\ 1\end{pmatrix}+\begin{pmatrix}2\\ -1\\ 0\end{pmatrix}.$$

(3) $(\boldsymbol{\alpha}_1, \boldsymbol{\alpha}_2, \boldsymbol{\alpha}_3)\begin{pmatrix}x_1\\ x_2\\ x_3\end{pmatrix}=\boldsymbol{\beta}$,

$\boldsymbol{\beta}=x_1\boldsymbol{\alpha}_1+x_2\boldsymbol{\alpha}_2+x_3\boldsymbol{\alpha}_3=(-3k+2)\boldsymbol{\alpha}_1+(2k-1)\boldsymbol{\alpha}_2+k\boldsymbol{\alpha}_3$,其中,$k$ 为任意常数.

例 5-8　(2011 年)设向量组 $\boldsymbol{\alpha}_1=(1, 0, 1)^{\mathrm{T}}$, $\boldsymbol{\alpha}_2=(0, 1, 1)^{\mathrm{T}}$, $\boldsymbol{\alpha}_3=(1, 3, 5)^{\mathrm{T}}$,不能由向量组 $\boldsymbol{\beta}_1=(1, 1, 1)^{\mathrm{T}}$, $\boldsymbol{\beta}_2=(1, 2, 3)^{\mathrm{T}}$, $\boldsymbol{\beta}_3=(3, 4, a)^{\mathrm{T}}$ 线性表示.

(1) 求 a 的值;

(2) 将 $\boldsymbol{\beta}_1, \boldsymbol{\beta}_2, \boldsymbol{\beta}_3$ 由 $\boldsymbol{\alpha}_1, \boldsymbol{\alpha}_2, \boldsymbol{\alpha}_3$ 线性表示.

解　(1) ① 令 $\boldsymbol{A}=(\alpha_1, \alpha_2, \alpha_3)$, $\boldsymbol{B}=(\beta_1, \beta_2, \beta_3)$,设 $\boldsymbol{BC}=\boldsymbol{A}$.

② $(\boldsymbol{B} \mid \boldsymbol{A})=\begin{pmatrix}1 & 1 & 3 & 1 & 0 & 1\\ 1 & 2 & 4 & 0 & 1 & 3\\ 1 & 3 & a & 1 & 1 & 5\end{pmatrix}\rightarrow\begin{pmatrix}1 & 1 & 3 & 1 & 0 & 1\\ 0 & 1 & 1 & -1 & 1 & 2\\ 0 & 0 & a-5 & 2 & -1 & 0\end{pmatrix}$.

矩阵方程 $\boldsymbol{BC}=\boldsymbol{A}$ 无解,故 $a-5=0$, $a=5$.

(2) ① 设 $\boldsymbol{AC}=\boldsymbol{B}$.

② $(\boldsymbol{A} \mid \boldsymbol{B})=\begin{pmatrix}1 & 0 & 1 & 1 & 1 & 3\\ 0 & 1 & 3 & 1 & 2 & 4\\ 1 & 1 & 5 & 1 & 3 & 5\end{pmatrix}\rightarrow\begin{pmatrix}1 & 0 & 0 & 2 & 1 & 5\\ 0 & 1 & 0 & 4 & 2 & 10\\ 0 & 0 & 1 & -1 & 0 & -2\end{pmatrix}$.

$$\boldsymbol{C}_1=\begin{pmatrix}2\\ 4\\ -1\end{pmatrix}, \quad \boldsymbol{C}_2=\begin{pmatrix}1\\ 2\\ 0\end{pmatrix}, \quad \boldsymbol{C}_3=\begin{pmatrix}5\\ 10\\ -2\end{pmatrix},$$

$$\boldsymbol{C}=(\boldsymbol{C}_1, \boldsymbol{C}_2, \boldsymbol{C}_3)=\begin{pmatrix}2 & 1 & 5\\ 4 & 2 & 10\\ -1 & 0 & -2\end{pmatrix}.$$

(3) $(\boldsymbol{\alpha}_1, \boldsymbol{\alpha}_2, \boldsymbol{\alpha}_3)\begin{pmatrix}2 & 1 & 5\\ 4 & 2 & 10\\ -1 & 0 & -2\end{pmatrix}=(\boldsymbol{\beta}_1, \boldsymbol{\beta}_2, \boldsymbol{\beta}_3)$,

$$\boldsymbol{\beta}_1=2\boldsymbol{\alpha}_1+4\boldsymbol{\alpha}_2-\boldsymbol{\alpha}_3, \quad \boldsymbol{\beta}_2=\boldsymbol{\alpha}_1+2\boldsymbol{\alpha}_2, \quad \boldsymbol{\beta}_3=5\boldsymbol{\alpha}_1+10\boldsymbol{\alpha}_2-2\boldsymbol{\alpha}_3.$$

注意　向量组 $\boldsymbol{A}$ 不能由向量组 $\boldsymbol{B}$ 线性表示 $\Leftrightarrow$ 矩阵方程 $\boldsymbol{BC}=\boldsymbol{A}$ 无解.

例 5-9 (2013 年)设 $\boldsymbol{A}$, $\boldsymbol{B}$, $\boldsymbol{C}$ 均为 n 阶矩阵，若 $\boldsymbol{AB}=\boldsymbol{C}$，且 $\boldsymbol{B}$ 可逆，则(　　).

A. 矩阵 $\boldsymbol{C}$ 的行向量组与矩阵 $\boldsymbol{A}$ 的行向量组等价
B. 矩阵 $\boldsymbol{C}$ 的列向量组与矩阵 $\boldsymbol{A}$ 的列向量组等价
C. 矩阵 $\boldsymbol{C}$ 的行向量组与矩阵 $\boldsymbol{B}$ 的行向量组等价
D. 矩阵 $\boldsymbol{C}$ 的列向量组与矩阵 $\boldsymbol{B}$ 的列向量组等价

解 题目问的是 $\boldsymbol{A}$, $\boldsymbol{B}$, $\boldsymbol{C}$ 以什么方式等价，等价的意思是指它们可以互相用“倍数”进行表示.

$\boldsymbol{AB}=\boldsymbol{C}\Rightarrow\boldsymbol{C}$ 可由 $\boldsymbol{A}$ 线性表示.

$\boldsymbol{B}$ 可逆，说明 $\boldsymbol{B}^{-1}$ 存在. 两边同乘 $\boldsymbol{B}^{-1}$，得 $\boldsymbol{A}=\boldsymbol{CB}^{-1}\Rightarrow\boldsymbol{A}$ 可由 $\boldsymbol{C}$ 线性表示.

综上所述，矩阵 $\boldsymbol{A}$ 和矩阵 $\boldsymbol{C}$ 等价，而且我们研究的都是列向量等价，故选 B.

课堂练习

【练习 5-10】 已知 $\boldsymbol{\alpha}_1=(1, 4, 0, 2)^{\mathrm{T}}$, $\boldsymbol{\alpha}_2=(2, 7, 1, 3)^{\mathrm{T}}$, $\boldsymbol{\alpha}_3=(0, 1, -1, a)^{\mathrm{T}}$, $\boldsymbol{\beta}=(3, 10, b, 4)^{\mathrm{T}}$.

(1) a, b 取何值时，$\boldsymbol{\beta}$ 不能由 $\boldsymbol{\alpha}_1$, $\boldsymbol{\alpha}_2$, $\boldsymbol{\alpha}_3$ 线性表示?

(2) a, b 取何值时，$\boldsymbol{\beta}$ 可由 $\boldsymbol{\alpha}_1$, $\boldsymbol{\alpha}_2$, $\boldsymbol{\alpha}_3$ 线性表示? 并写出此表达式.

【练习 5-11】 已知向量组

$$\boldsymbol{\beta}_1=\begin{pmatrix}0\\1\\-1\end{pmatrix},\quad \boldsymbol{\beta}_2=\begin{pmatrix}a\\2\\1\end{pmatrix},\quad \boldsymbol{\beta}_3=\begin{pmatrix}b\\1\\0\end{pmatrix}$$

与向量组

$$\boldsymbol{\alpha}_1=\begin{pmatrix}1\\2\\-3\end{pmatrix},\quad \boldsymbol{\alpha}_2=\begin{pmatrix}3\\0\\1\end{pmatrix},\quad \boldsymbol{\alpha}_3=\begin{pmatrix}9\\6\\-7\end{pmatrix}$$

具有相同的秩，且 $\boldsymbol{\beta}_3$ 可由 $\boldsymbol{\alpha}_1$, $\boldsymbol{\alpha}_2$, $\boldsymbol{\alpha}_3$ 线性表示，求 a, b 的值.

【练习 5-12】 确定常数 a，使向量组

$$\boldsymbol{\alpha}_1=(1, 1, a)^{\mathrm{T}},\quad \boldsymbol{\alpha}_2=(1, a, 1)^{\mathrm{T}},\quad \boldsymbol{\alpha}_3=(a, 1, 1)^{\mathrm{T}}$$

可由向量组

$$\boldsymbol{\beta}_1=(1, 1, a)^{\mathrm{T}},\quad \boldsymbol{\beta}_2=(-2, a, 4)^{\mathrm{T}},\quad \boldsymbol{\beta}_3=(-2, a, a)^{\mathrm{T}}$$

线性表示，但向量组 $\boldsymbol{\beta}_1$, $\boldsymbol{\beta}_2$, $\boldsymbol{\beta}_3$ 不能由向量组 $\boldsymbol{\alpha}_1$, $\boldsymbol{\alpha}_2$, $\boldsymbol{\alpha}_3$ 线性表示.

【练习 5-13】 已知 $\boldsymbol{\alpha}_1=(1, 0, 2, 3)$, $\boldsymbol{\alpha}_2=(1, 1, 3, 5)$, $\boldsymbol{\alpha}_3=(1, -1, a+2, 1)$, $\boldsymbol{\alpha}_4=(1, 2, 4, a+8)$ 及 $\boldsymbol{\beta}=(1, 1, b+3, 5)$.

(1) a, b 为何值时，$\boldsymbol{\beta}$ 不能表示成 $\boldsymbol{\alpha}_1$, $\boldsymbol{\alpha}_2$, $\boldsymbol{\alpha}_3$, $\boldsymbol{\alpha}_4$ 的线性组合?

(2) a, b 为何值时，$\boldsymbol{\beta}$ 有 $\boldsymbol{\alpha}_1$, $\boldsymbol{\alpha}_2$, $\boldsymbol{\alpha}_3$, $\boldsymbol{\alpha}_4$ 唯一的线性表示式? 并写出该表示式.

【练习 5-14】 设 $\boldsymbol{\alpha}_1=(1, 2, 0)^{\mathrm{T}}$, $\boldsymbol{\alpha}_2=(1, \alpha+2, -3\alpha)^{\mathrm{T}}$, $\boldsymbol{\alpha}_3=(-1, -b-2,$

$a+2b)^{\mathrm{T}}$，$\boldsymbol{\beta}=(1, 3, -3)^{\mathrm{T}}$，试讨论当 a，b 为何值时，

(1) $\boldsymbol{\beta}$ 不能由 $\boldsymbol{\alpha}_1$，$\boldsymbol{\alpha}_2$，$\boldsymbol{\alpha}_3$ 线性表示；

(2) $\boldsymbol{\beta}$ 可由 $\boldsymbol{\alpha}_1$，$\boldsymbol{\alpha}_2$，$\boldsymbol{\alpha}_3$ 唯一地线性表示，并求出表示式；

(3) $\boldsymbol{\beta}$ 可由 $\boldsymbol{\alpha}_1$，$\boldsymbol{\alpha}_2$，$\boldsymbol{\alpha}_3$ 线性表示，但表达式不唯一，并求出表示式.

【练习5-15】 设有3维列向量

$$\boldsymbol{\alpha}_1=\begin{pmatrix}1+\lambda\\1\\1\end{pmatrix},\quad \boldsymbol{\alpha}_2=\begin{pmatrix}1\\1+\lambda\\1\end{pmatrix},\quad \boldsymbol{\alpha}_3=\begin{pmatrix}1\\1\\1+\lambda\end{pmatrix},\quad \boldsymbol{\beta}=\begin{pmatrix}0\\\lambda\\\lambda^2\end{pmatrix},$$

问 λ 取何值时，

(1) $\boldsymbol{\beta}$ 可由 $\boldsymbol{\alpha}_1$，$\boldsymbol{\alpha}_2$，$\boldsymbol{\alpha}_3$ 线性表示，且表达式唯一？

(2) $\boldsymbol{\beta}$ 可由 $\boldsymbol{\alpha}_1$，$\boldsymbol{\alpha}_2$，$\boldsymbol{\alpha}_3$ 线性表示，但表达式不唯一？

(3) $\boldsymbol{\beta}$ 不能由 $\boldsymbol{\alpha}_1$，$\boldsymbol{\alpha}_2$，$\boldsymbol{\alpha}_3$ 线性表示？

§5.3 唐诗的诱惑(线性无关)

知识梳理

1. 定义

线性相关 给定向量组 $\boldsymbol{A}$：$\boldsymbol{\alpha}_1$，$\boldsymbol{\alpha}_2$，…，$\boldsymbol{\alpha}_m$，如果存在不全为零的数 k_1，k_2，…，k_m，使 $k_1\boldsymbol{\alpha}_1+k_2\boldsymbol{\alpha}_2+\cdots+k_m\boldsymbol{\alpha}_m=\mathbf{0}$，则称向量组 $\boldsymbol{A}$ 线性相关.

线性无关 否则称向量组 $\boldsymbol{A}$ 线性无关.

小结 线性相关就是"倍数相关"，线性无关就是"倍数无关".

2. 性质与判定

(1) 线性无关与线性相关的性质.

假设 $\boldsymbol{\alpha}_1$，$\boldsymbol{\alpha}_2$，$\boldsymbol{\alpha}_3$ 均为3维列向量，且 $\boldsymbol{A}=(\boldsymbol{\alpha}_1, \boldsymbol{\alpha}_2, \boldsymbol{\alpha}_3)$.

① 如果 $\boldsymbol{\alpha}_1$，$\boldsymbol{\alpha}_2$，$\boldsymbol{\alpha}_3$ 线性相关，则 $|\boldsymbol{A}|=0$；

② 如果 $\boldsymbol{\alpha}_1$，$\boldsymbol{\alpha}_2$，$\boldsymbol{\alpha}_3$ 线性无关，则 $|\boldsymbol{A}|\neq 0$.

(2) 线性无关与线性相关的判定.

假设 $\boldsymbol{\alpha}_1$，$\boldsymbol{\alpha}_2$，$\boldsymbol{\alpha}_3$ 均为3维列向量，且 $\boldsymbol{A}=(\boldsymbol{\alpha}_1, \boldsymbol{\alpha}_2, \boldsymbol{\alpha}_3)$.

① 如果 $|\boldsymbol{A}|=0$，则 $\boldsymbol{\alpha}_1$，$\boldsymbol{\alpha}_2$，$\boldsymbol{\alpha}_3$ 线性相关；

② 如果 $|\boldsymbol{A}|\neq 0$，则 $\boldsymbol{\alpha}_1$，$\boldsymbol{\alpha}_2$，$\boldsymbol{\alpha}_3$ 线性无关.

判定方法，简称："无绝".

(3) 说明.

① 此判定定理可以推广到 n 维.

② 使用条件：$\boldsymbol{\alpha}_1$，$\boldsymbol{\alpha}_2$，$\boldsymbol{\alpha}_3$ 均已知且 $\boldsymbol{A}$ 为方阵.

视频 5-3 “无绝”

图 5-3 “无绝”

3. 几何意义

(1) 线性相关.

假设 $\boldsymbol{\alpha}_1$, $\boldsymbol{\alpha}_2$, $\boldsymbol{\alpha}_3$ 均为 3 维列向量.

① $\boldsymbol{\alpha}_1$, $\boldsymbol{\alpha}_2$ 线性相关⇔共线.

② $\boldsymbol{\alpha}_1$, $\boldsymbol{\alpha}_2$, $\boldsymbol{\alpha}_3$ 线性相关⇔共面.

(2) 线性无关.

假设 $\boldsymbol{\alpha}_1$, $\boldsymbol{\alpha}_2$, $\boldsymbol{\alpha}_3$ 均为 3 维列向量.

① $\boldsymbol{\alpha}_1$, $\boldsymbol{\alpha}_2$ 线性无关 ⇔ 不共线.

② $\boldsymbol{\alpha}_1$, $\boldsymbol{\alpha}_2$, $\boldsymbol{\alpha}_3$ 线性无关 ⇔ 不共面.

(3) 线性表示.

① $\boldsymbol{\alpha}_3 = k_1\boldsymbol{\alpha}_1 + k_2\boldsymbol{\alpha}_2$.

② 假设 $\boldsymbol{\xi}$ 为 3 维列向量,那么,某齐次线性方程组的通解为 $k\boldsymbol{\xi}$,其中,k 为任意常数,代表一条直线.

③ 假设 $\boldsymbol{\xi}_1$, $\boldsymbol{\xi}_2$ 均为 3 维列向量,那么,某齐次线性方程组的通解为 $k_1\boldsymbol{\xi}_1 + k_2\boldsymbol{\xi}_2$,其中,$k_1$, k_2 为任意常数,代表一个平面.

4. 特殊向量

$$\mathbf{0} = \begin{pmatrix} 0 \\ 0 \\ 0 \end{pmatrix}, \quad \boldsymbol{e}_1 = \begin{pmatrix} 1 \\ 0 \\ 0 \end{pmatrix}, \quad \boldsymbol{e}_2 = \begin{pmatrix} 0 \\ 1 \\ 0 \end{pmatrix}, \quad \boldsymbol{e}_3 = \begin{pmatrix} 0 \\ 0 \\ 1 \end{pmatrix}.$$

(1) $\mathbf{0}$ 向量与任何 2 个向量 $\boldsymbol{\alpha}_1$, $\boldsymbol{\alpha}_2$ 所构成的向量组均线性相关;

(2) 单位向量 $\boldsymbol{e}_1$, $\boldsymbol{e}_2$, $\boldsymbol{e}_3$ 线性无关;

(3) 任何一个 3 维列向量都可以由 $\boldsymbol{e}_1$, $\boldsymbol{e}_2$, $\boldsymbol{e}_3$ 线性表示,其系数为这个 3 维向量的分量.

5.3.1 定义与定理

例 5-10 (2012 年)设向量

$$\boldsymbol{\alpha}_1=\begin{pmatrix}0\\0\\c_1\end{pmatrix},\quad \boldsymbol{\alpha}_2=\begin{pmatrix}0\\1\\c_2\end{pmatrix},\quad \boldsymbol{\alpha}_3=\begin{pmatrix}1\\-1\\c_3\end{pmatrix},\quad \boldsymbol{\alpha}_4=\begin{pmatrix}-1\\1\\c_4\end{pmatrix},$$

其中，c_1, c_2, c_3, c_4 为任意常数，则下列向量组线性相关的是(　　).

A. $\boldsymbol{\alpha}_1, \boldsymbol{\alpha}_2, \boldsymbol{\alpha}_3$　　B. $\boldsymbol{\alpha}_1, \boldsymbol{\alpha}_2, \boldsymbol{\alpha}_4$　　C. $\boldsymbol{\alpha}_1, \boldsymbol{\alpha}_3, \boldsymbol{\alpha}_4$　　D. $\boldsymbol{\alpha}_2, \boldsymbol{\alpha}_3, \boldsymbol{\alpha}_4$

解　线性相关与线性无关的判定口诀："无绝".

由于

$$|\boldsymbol{\alpha}_1, \boldsymbol{\alpha}_3, \boldsymbol{\alpha}_4|=\begin{vmatrix}0&1&-1\\0&-1&1\\c_1&c_3&c_4\end{vmatrix}=0,$$

故 $\boldsymbol{\alpha}_1, \boldsymbol{\alpha}_3, \boldsymbol{\alpha}_4$ 线性相关.

例 5-11　(2009 年)设向量

$$\boldsymbol{A}=\begin{pmatrix}1&1&-1\\-1&1&1\\0&-4&-2\end{pmatrix},\quad \boldsymbol{\xi}_1=\begin{pmatrix}-1\\1\\-2\end{pmatrix}.$$

(1) 求满足 $\boldsymbol{A\xi}_2=\boldsymbol{\xi}_1$，$\boldsymbol{A}^2\boldsymbol{\xi}_3=\boldsymbol{\xi}_1$ 的所有向量 $\boldsymbol{\xi}_2, \boldsymbol{\xi}_3$；

(2) 对(1)中的任意向量 $\boldsymbol{\xi}_2, \boldsymbol{\xi}_3$，证明 $\boldsymbol{\xi}_1, \boldsymbol{\xi}_2, \boldsymbol{\xi}_3$ 线性无关.

分析　(1)口诀："非齐，画鸡特通(麻花相反，鱼竿相同)"；(2)判定口诀："无绝".

解　(1) ① 解方程组 $\boldsymbol{A}x=\boldsymbol{\xi}_1$，

$$(\boldsymbol{A}\,\vdots\,\boldsymbol{\xi}_1)=\left(\begin{array}{ccc:c}1&-1&-1&-1\\-1&1&1&1\\0&-4&-2&-2\end{array}\right)\rightarrow\left(\begin{array}{ccc:c}1&0&-\frac{1}{2}&-\frac{1}{2}\\0&1&\frac{1}{2}&\frac{1}{2}\\0&0&0&0\end{array}\right),$$

$$\boldsymbol{\xi}_2=k_1\begin{pmatrix}\frac{1}{2}\\-\frac{1}{2}\\1\end{pmatrix}+\begin{pmatrix}-\frac{1}{2}\\\frac{1}{2}\\0\end{pmatrix}，其中，k_1 为任意常数.$$

② 解方程组 $\boldsymbol{A}^2x=\boldsymbol{\xi}_1$，

$$\boldsymbol{A}^2=\begin{pmatrix}2&2&0\\-2&-2&0\\4&4&0\end{pmatrix},$$

$$(\boldsymbol{A}^2 \vdots \boldsymbol{\xi}_1)=\begin{pmatrix}2 & 2 & 0 & -1\\ -2 & -2 & 0 & 1\\ 4 & 4 & 0 & -2\end{pmatrix}\rightarrow\begin{pmatrix}1 & 1 & 0 & -\frac{1}{2}\\ 0 & 0 & 0 & 0\\ 0 & 0 & 0 & 0\end{pmatrix},$$

$$\boldsymbol{\xi}_3=k_2\begin{pmatrix}-1\\1\\0\end{pmatrix}+k_3\begin{pmatrix}0\\0\\1\end{pmatrix}+\begin{pmatrix}-\frac{1}{2}\\0\\0\end{pmatrix}$$，其中，k_2，k_3 为任意常数.

(2) $$|\boldsymbol{\xi}_1\quad\boldsymbol{\xi}_2\quad\boldsymbol{\xi}_3|=\begin{vmatrix}-1 & \frac{1}{2}k_1-\frac{1}{2} & -k_2-\frac{1}{2}\\ 1 & -\frac{1}{2}k_1+\frac{1}{2} & k_2\\ -2 & k_1 & k_3\end{vmatrix}=\frac{1}{2}\times\frac{1}{2}\begin{vmatrix}-1 & k_1-1 & -2k_2-1\\ 1 & -k_1+1 & 2k_2\\ -2 & 2k_1 & 2k_3\end{vmatrix}$$

$$=\frac{1}{4}\begin{vmatrix}0 & 0 & -1\\ 1 & -k_1+1 & 2k_2\\ -2 & 2k_1 & 2k_3\end{vmatrix}=\frac{1}{4}\times(-1)\times(-1)^{1+3}\begin{vmatrix}1 & -k_1+1\\ -2 & 2k_1\end{vmatrix}$$

$$=-\frac{1}{4}\begin{vmatrix}1 & -k_1+1\\ 0 & 2\end{vmatrix}=-\frac{1}{4}\times(2-0)=-\frac{1}{4}\times 2=-\frac{1}{2}\neq 0,$$

故 $\boldsymbol{\xi}_1$，$\boldsymbol{\xi}_2$，$\boldsymbol{\xi}_3$ 线性无关.

5.3.2 几何意义

例 5-12 （2014 年）设 $\boldsymbol{\alpha}_1$，$\boldsymbol{\alpha}_2$，$\boldsymbol{\alpha}_3$ 均为 3 维向量，则对任意常数 k，l，向量组 $\boldsymbol{\alpha}_1+k\boldsymbol{\alpha}_3$，$\boldsymbol{\alpha}_2+l\boldsymbol{\alpha}_3$ 线性无关是向量组 $\boldsymbol{\alpha}_1$，$\boldsymbol{\alpha}_2$，$\boldsymbol{\alpha}_3$ 线性无关的(　　).

A. 必要非充分条件　　B. 充分非必要条件

C. 充分必要条件　　D. 既非充分也非必要条件

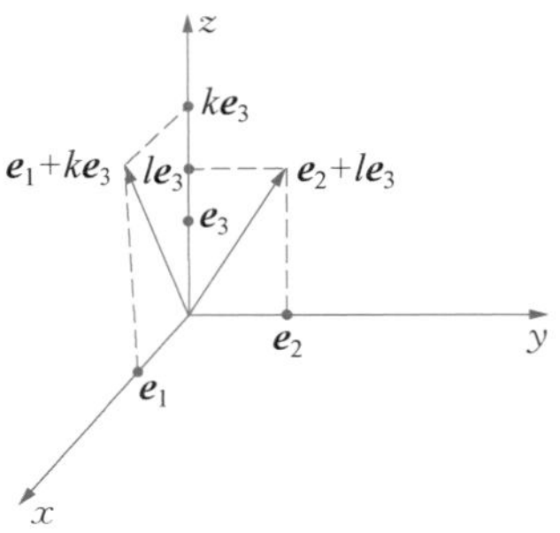

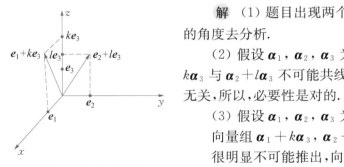

图 5-4　例 5-12 图

解 (1) 题目出现两个向量组，情况比较复杂，可以从几何的角度去分析.

(2) 假设 $\boldsymbol{\alpha}_1$，$\boldsymbol{\alpha}_2$，$\boldsymbol{\alpha}_3$ 为 $\boldsymbol{e}_1$，$\boldsymbol{e}_2$，$\boldsymbol{e}_3$，如图 5-4 所示. $\boldsymbol{\alpha}_1+k\boldsymbol{\alpha}_3$ 与 $\boldsymbol{\alpha}_2+l\boldsymbol{\alpha}_3$ 不可能共线，即向量组 $\boldsymbol{\alpha}_1+k\boldsymbol{\alpha}_3$，$\boldsymbol{\alpha}_2+l\boldsymbol{\alpha}_3$ 线性无关，所以，必要性是对的.

(3) 假设 $\boldsymbol{\alpha}_1$，$\boldsymbol{\alpha}_2$，$\boldsymbol{\alpha}_3$ 为 $\boldsymbol{e}_1$，$\boldsymbol{e}_2$，$\boldsymbol{0}$.

向量组 $\boldsymbol{\alpha}_1+k\boldsymbol{\alpha}_3$，$\boldsymbol{\alpha}_2+l\boldsymbol{\alpha}_3$ 线性无关 $\Rightarrow\boldsymbol{e}_1$，$\boldsymbol{e}_2$ 线性无关；

很明显不可能推出，向量组 $\boldsymbol{\alpha}_1$，$\boldsymbol{\alpha}_2$，$\boldsymbol{\alpha}_3$ 线性无关，所以，充分性不对.

注意 当题目复杂时，从几何角度分析，会大大降低难度.

例 5-13 设向量组线性无关，则下列向量组线性相关的是(　　).

A. $\boldsymbol{\alpha}_1-\boldsymbol{\alpha}_2$，$\boldsymbol{\alpha}_2-\boldsymbol{\alpha}_3$，$\boldsymbol{\alpha}_3-\boldsymbol{\alpha}_1$　　B. $\boldsymbol{\alpha}_1+\boldsymbol{\alpha}_2$，$\boldsymbol{\alpha}_2+\boldsymbol{\alpha}_3$，$\boldsymbol{\alpha}_3+\boldsymbol{\alpha}_1$

C. $\boldsymbol{\alpha}_1-2\boldsymbol{\alpha}_2$，$\boldsymbol{\alpha}_2-2\boldsymbol{\alpha}_3$，$\boldsymbol{\alpha}_3-2\boldsymbol{\alpha}_1$　　D. $\boldsymbol{\alpha}_1+2\boldsymbol{\alpha}_2$，$\boldsymbol{\alpha}_2+2\boldsymbol{\alpha}_3$，$\boldsymbol{\alpha}_3+2\boldsymbol{\alpha}_1$

解　对于 A 选项,假设

$$\boldsymbol{\alpha}_1=\boldsymbol{e}_1=\begin{pmatrix}1\\0\\0\end{pmatrix},\ \boldsymbol{\alpha}_2=\boldsymbol{e}_2=\begin{pmatrix}0\\1\\0\end{pmatrix},\ \boldsymbol{\alpha}_3=\boldsymbol{e}_3=\begin{pmatrix}0\\0\\1\end{pmatrix},$$

则

$$|\boldsymbol{\alpha}_1-\boldsymbol{\alpha}_2,\ \boldsymbol{\alpha}_2-\boldsymbol{\alpha}_3,\ \boldsymbol{\alpha}_3-\boldsymbol{\alpha}_1|=|\boldsymbol{e}_1-\boldsymbol{e}_2,\ \boldsymbol{e}_2-\boldsymbol{e}_3,\ \boldsymbol{e}_3-\boldsymbol{e}_1|$$

$$=\begin{vmatrix}1&0&-1\\-1&1&0\\0&-1&1\end{vmatrix}=\begin{vmatrix}1&0&-1\\0&1&-1\\0&-1&1\end{vmatrix}=\begin{vmatrix}1&-1\\-1&1\end{vmatrix}=1-1=0,$$

故 $\boldsymbol{\alpha}_1-\boldsymbol{\alpha}_2,\ \boldsymbol{\alpha}_2-\boldsymbol{\alpha}_3,\ \boldsymbol{\alpha}_3-\boldsymbol{\alpha}_1$ 线性相关,应选 A 选项.

同理,可判断 B, C, D 都是线性无关的.

例 5-14　(2011 年)设 $\boldsymbol{A}=(\boldsymbol{\alpha}_1,\ \boldsymbol{\alpha}_2,\ \boldsymbol{\alpha}_3,\ \boldsymbol{\alpha}_4)$ 是 4 阶矩阵,$\boldsymbol{A}^*$ 为 $\boldsymbol{A}$ 的伴随矩阵,若 $(1,\ 0,\ 1,\ 0)^{\mathrm{T}}$ 是方程组 $\boldsymbol{A}\boldsymbol{x}=\boldsymbol{0}$ 的一个基础解系,则 $\boldsymbol{A}^*\boldsymbol{x}=\boldsymbol{0}$ 的基础解系可为(　　).

A. $\boldsymbol{\alpha}_1,\ \boldsymbol{\alpha}_3$　　B. $\boldsymbol{\alpha}_1,\ \boldsymbol{\alpha}_2$　　C. $\boldsymbol{\alpha}_1,\ \boldsymbol{\alpha}_2,\ \boldsymbol{\alpha}_3$　　D. $\boldsymbol{\alpha}_2,\ \boldsymbol{\alpha}_3,\ \boldsymbol{\alpha}_4$

解　由于 $\boldsymbol{A}\boldsymbol{x}=\boldsymbol{0}$ 的基础解系中解的向量个数为 1, $n-r=1$.

由于 $n=4$,有 $r=3$, $R(\boldsymbol{A})=3<4$, $R(\boldsymbol{A}^*)=1$.

$\boldsymbol{A}^*\boldsymbol{x}=\boldsymbol{0}$ 的基础解系中解的向量个数为 $4-1=3$.

$(1,\ 0,\ 1,\ 0)^{\mathrm{T}}$ 是 $\boldsymbol{A}\boldsymbol{x}=\boldsymbol{0}$ 的解,

$$(\boldsymbol{\alpha}_1,\ \boldsymbol{\alpha}_2,\ \boldsymbol{\alpha}_3,\ \boldsymbol{\alpha}_4)\begin{pmatrix}1\\0\\1\\0\end{pmatrix}=0,$$

$\boldsymbol{\alpha}_1+\boldsymbol{\alpha}_3=\boldsymbol{0}$,即 $\boldsymbol{\alpha}_1=-\boldsymbol{\alpha}_3$.

$\boldsymbol{\alpha}_1$ 与 $\boldsymbol{\alpha}_3$ 有倍数的关系,即 $\boldsymbol{\alpha}_1$ 与 $\boldsymbol{\alpha}_3$ 线性相关,但基础解系中解向量必须是线性无关的,故选 D.

课堂练习

【练习 5-16】　设 $\boldsymbol{A}$ 是 4 阶矩阵,且 $|\boldsymbol{A}|=0$,则 $\boldsymbol{A}$ 中(　　).

A. 必有一列元素全为零

B. 必有两列元素对应成比例

C. 必有一列向量是其余列向量的线性组合

D. 任一列向量是其余列向量的线性组合

【练习 5-17】　设向量组 $\boldsymbol{\alpha}_1,\ \boldsymbol{\alpha}_2,\ \boldsymbol{\alpha}_3$ 线性无关,则下列向量组中,线性无关的是(　　).

A. $\boldsymbol{\alpha}_1+\boldsymbol{\alpha}_2,\ \boldsymbol{\alpha}_2+\boldsymbol{\alpha}_3,\ \boldsymbol{\alpha}_3-\boldsymbol{\alpha}_1$

B. $\boldsymbol{\alpha}_1+\boldsymbol{\alpha}_2,\ \boldsymbol{\alpha}_2+\boldsymbol{\alpha}_3,\ \boldsymbol{\alpha}_1+2\boldsymbol{\alpha}_2+\boldsymbol{\alpha}_3$

C. $\boldsymbol{\alpha}_1+2\boldsymbol{\alpha}_2,\ 2\boldsymbol{\alpha}_2+3\boldsymbol{\alpha}_3,\ 3\boldsymbol{\alpha}_3+\boldsymbol{\alpha}_1$

D. $\boldsymbol{\alpha}_1+\boldsymbol{\alpha}_2+\boldsymbol{\alpha}_3$, $2\boldsymbol{\alpha}_1-3\boldsymbol{\alpha}_2+22\boldsymbol{\alpha}_3$, $3\boldsymbol{\alpha}_1+5\boldsymbol{\alpha}_2-5\boldsymbol{\alpha}_3$

【练习 5-18】 已知向量组 $\boldsymbol{\alpha}_1$, $\boldsymbol{\alpha}_2$, $\boldsymbol{\alpha}_3$, $\boldsymbol{\alpha}_4$ 线性无关,则向量组(　　).

A. $\boldsymbol{\alpha}_1+\boldsymbol{\alpha}_2$, $\boldsymbol{\alpha}_2+\boldsymbol{\alpha}_3$, $\boldsymbol{\alpha}_3+\boldsymbol{\alpha}_4$, $\boldsymbol{\alpha}_4+\boldsymbol{\alpha}_1$ 线性无关

B. $\boldsymbol{\alpha}_1-\boldsymbol{\alpha}_2$, $\boldsymbol{\alpha}_2-\boldsymbol{\alpha}_3$, $\boldsymbol{\alpha}_3-\boldsymbol{\alpha}_4$, $\boldsymbol{\alpha}_4-\boldsymbol{\alpha}_1$ 线性无关

C. $\boldsymbol{\alpha}_1+\boldsymbol{\alpha}_2$, $\boldsymbol{\alpha}_2+\boldsymbol{\alpha}_3$, $\boldsymbol{\alpha}_3+\boldsymbol{\alpha}_4$, $\boldsymbol{\alpha}_4-\boldsymbol{\alpha}_1$ 线性无关

D. $\boldsymbol{\alpha}_1+\boldsymbol{\alpha}_2$, $\boldsymbol{\alpha}_2+\boldsymbol{\alpha}_3$, $\boldsymbol{\alpha}_3-\boldsymbol{\alpha}_4$, $\boldsymbol{\alpha}_4-\boldsymbol{\alpha}_1$ 线性无关

【练习 5-19】 设 $\boldsymbol{\alpha}_1$, $\boldsymbol{\alpha}_2$, $\cdots$, $\boldsymbol{\alpha}_s$ 均为 n 维列向量, $\boldsymbol{A}$ 是 $m\times n$ 矩阵,下列选项正确的是(　　).

A. 若 $\boldsymbol{\alpha}_1$, $\boldsymbol{\alpha}_2$, $\cdots$, $\boldsymbol{\alpha}_s$ 线性相关,则 $\boldsymbol{A\alpha}_1$, $\boldsymbol{A\alpha}_2$, $\cdots$, $\boldsymbol{A\alpha}_s$ 线性相关

B. 若 $\boldsymbol{\alpha}_1$, $\boldsymbol{\alpha}_2$, $\cdots$, $\boldsymbol{\alpha}_s$ 线性相关,则 $\boldsymbol{A\alpha}_1$, $\boldsymbol{A\alpha}_2$, $\cdots$, $\boldsymbol{A\alpha}_s$ 线性无关

C. 若 $\boldsymbol{\alpha}_1$, $\boldsymbol{\alpha}_2$, $\cdots$, $\boldsymbol{\alpha}_s$ 线性无关,则 $\boldsymbol{A\alpha}_1$, $\boldsymbol{A\alpha}_2$, $\cdots$, $\boldsymbol{A\alpha}_s$ 线性相关

D. 若 $\boldsymbol{\alpha}_1$, $\boldsymbol{\alpha}_2$, $\cdots$, $\boldsymbol{\alpha}_s$ 线性无关,则 $\boldsymbol{A\alpha}_1$, $\boldsymbol{A\alpha}_2$, $\cdots$, $\boldsymbol{A\alpha}_s$ 线性无关

【练习 5-20】 设 $\boldsymbol{A}$, $\boldsymbol{B}$ 为满足 $\boldsymbol{AB}=\boldsymbol{O}$ 的任意两个非常零矩阵,则必有(　　).

A. $\boldsymbol{A}$ 的列向量组线性相关,$\boldsymbol{B}$ 的行向量组线性相关

B. $\boldsymbol{A}$ 的列向量组线性相关,$\boldsymbol{B}$ 的列向量组线性相关

C. $\boldsymbol{A}$ 的行向量组线性相关,$\boldsymbol{B}$ 的行向量组线性相关

D. $\boldsymbol{A}$ 的行向量组线性相关,$\boldsymbol{B}$ 的列向量组线性相关

【练习 5-21】 设向量 $\boldsymbol{\alpha}_1$, $\boldsymbol{\alpha}_2$, $\boldsymbol{\alpha}_3$ 线性无关,向量 $\boldsymbol{\beta}_1$ 可由 $\boldsymbol{\alpha}_1$, $\boldsymbol{\alpha}_2$, $\boldsymbol{\alpha}_3$ 线性表示,而向量 $\boldsymbol{\beta}_2$ 不能由向量 $\boldsymbol{\alpha}_1$, $\boldsymbol{\alpha}_2$, $\boldsymbol{\alpha}_3$ 线性表示,则对于任意常数 k,必有(　　).

A. $\boldsymbol{\alpha}_1$, $\boldsymbol{\alpha}_2$, $\boldsymbol{\alpha}_3$, $k\boldsymbol{\beta}_1+\boldsymbol{\beta}_2$ 线性无关

B. $\boldsymbol{\alpha}_1$, $\boldsymbol{\alpha}_2$, $\boldsymbol{\alpha}_3$, $k\boldsymbol{\beta}_1+\boldsymbol{\beta}_2$ 线性相关

C. $\boldsymbol{\alpha}_1$, $\boldsymbol{\alpha}_2$, $\boldsymbol{\alpha}_3$, $\boldsymbol{\beta}_1+k\boldsymbol{\beta}_2$ 线性无关

D. $\boldsymbol{\alpha}_1$, $\boldsymbol{\alpha}_2$, $\boldsymbol{\alpha}_3$, $\boldsymbol{\beta}_1+k\boldsymbol{\beta}_2$ 线性无关

【练习 5-22】 设 3 阶矩阵

$$\boldsymbol{A}=\begin{pmatrix}1 & 2 & -2\\ 2 & 1 & 2\\ 3 & 0 & 4\end{pmatrix},$$

3 维列向量 $\boldsymbol{\alpha}=(a,1,1)^{\mathrm{T}}$. 已知 $\boldsymbol{A\alpha}$ 与 $\boldsymbol{\alpha}$ 线性相关,则 $a=$________.

【练习 5-23】 设行向量组 $(2,1,1,1)$, $(2,1,a,a)$, $(3,2,1,a)$, $(4,3,2,1)$ 线性相关,且 $a\neq 1$,则 $a=$________.

§5.4 独立向量(向量组的秩)

知识梳理

1. 定义

独立向量 若向量组 $\boldsymbol{A}$:$\boldsymbol{a}_1$, $\boldsymbol{a}_2$, $\cdots$, $\boldsymbol{a}_m$ 线性无关,也就是说,它们是互相独立的,那

么，把这些向量叫做独立向量.

导出向量 若向量组 $\boldsymbol{A}:\boldsymbol{a}_1, \boldsymbol{a}_2, \cdots, \boldsymbol{a}_m$ 线性相关，且其中一共有 r 个向量为独立向量，那么，剩余的其他向量一定可以由这些独立向量线性表示，这些“其他向量”叫做导出向量.

向量组的秩 上面的 r 叫做向量组的秩，它代表一个向量组中独立向量的个数.

2. 定理与推论

定理 矩阵的秩等于它的列向量组的秩，也等于它的行向量组的秩.

推论 求向量组的秩，就是求矩阵的秩.

3. 矩阵的秩的求法(回顾)

(1) 定义法.

如果 r 阶子式是矩阵 $\boldsymbol{A}$ 的最高阶非零子式，那么，数 r 称为矩阵 $\boldsymbol{A}$ 的秩，记作 $R(\boldsymbol{A})$.

(2) 公式法.

① 独立公式.

矩阵的秩等于矩阵的行(或列)向量中独立向量的个数，即 $R(\boldsymbol{A})=n_{独}$.

② 阶梯公式.

将矩阵转化为“行阶梯形矩阵”，矩阵的秩等于阶梯线的行数，即 $R(\boldsymbol{A})=n_{行}$.

小结 求秩的公式有独立公式和阶梯公式 2 个，简称：“秩独梯”.

视频 5-4 “秩独梯”2

图 5-5 “秩独梯”2

例 5-15 (2017 年)设矩阵

$$\boldsymbol{A}=\begin{pmatrix}1&0&1\\1&1&2\\0&1&1\end{pmatrix},$$

$\boldsymbol{\alpha}_1, \boldsymbol{\alpha}_2, \boldsymbol{\alpha}_3$ 为线性无关的 3 维列向量组，则向量组 $\boldsymbol{A\alpha}_1, \boldsymbol{A\alpha}_2, \boldsymbol{A\alpha}_3$ 的秩为________.

解 (1) $\boldsymbol{\alpha}_1, \boldsymbol{\alpha}_2, \boldsymbol{\alpha}_3$ 可以拼接成一个 3 阶方阵；向量组的秩和矩阵的秩是相同的，故直接求矩阵的秩即可.

(2) 线性无关的判定口诀：“无绝”；由于 $\boldsymbol{\alpha}_1, \boldsymbol{\alpha}_2, \boldsymbol{\alpha}_3$ 线性无关，则 $|\boldsymbol{\alpha}_1, \boldsymbol{\alpha}_2, \boldsymbol{\alpha}_3|\neq 0$，$(\boldsymbol{\alpha}_1, \boldsymbol{\alpha}_2, \boldsymbol{\alpha}_3)$ 为 3 阶可逆矩阵，那么，

$$r=R(\boldsymbol{A\alpha}_1, \boldsymbol{A\alpha}_2, \boldsymbol{A\alpha}_3)=R(\boldsymbol{A}(\boldsymbol{\alpha}_1, \boldsymbol{\alpha}_2, \boldsymbol{\alpha}_3))=R(\boldsymbol{A}).$$

(3) $\boldsymbol{A}=\begin{pmatrix}1&0&1\\1&1&2\\0&1&1\end{pmatrix}\to\begin{pmatrix}1&0&1\\0&1&1\\0&1&1\end{pmatrix}\to\begin{pmatrix}1&0&1\\0&1&1\\0&0&0\end{pmatrix}$，$r=R(\boldsymbol{A})=2$.

例 5－16　$\boldsymbol{A}$ 是一个 m 行 n 列的矩阵，证明：

(1) $R(\boldsymbol{A})\leqslant n$；

(2) $R(\boldsymbol{A})\leqslant m$.

证明　(1) 设 $\boldsymbol{A}=(\boldsymbol{\alpha}_1, \boldsymbol{\alpha}_2, \cdots, \boldsymbol{\alpha}_n)$. 由于其中独立向量的个数小于等于 n，故 $R(\boldsymbol{A})\leqslant n$.

(2) 设

$$\boldsymbol{A}=\begin{pmatrix}\boldsymbol{\beta}_1\\\boldsymbol{\beta}_2\\\vdots\\\boldsymbol{\beta}_m\end{pmatrix},$$

由于其中独立向量的个数小于等于 m，故 $R(\boldsymbol{A})\leqslant m$.

例 5－17　矩阵 $\boldsymbol{A}, \boldsymbol{B}$ 的行数相同，证明：

(1) $R(\boldsymbol{A}, \boldsymbol{B})\geqslant R(\boldsymbol{A})$；

(2) $R(\boldsymbol{A}, \boldsymbol{B})\geqslant R(\boldsymbol{B})$；

(3) $R(\boldsymbol{A}, \boldsymbol{B})\leqslant R(\boldsymbol{A})+R(\boldsymbol{B})$.

证明　令 $\boldsymbol{A}=(\boldsymbol{\alpha}_1, \boldsymbol{\alpha}_2, \cdots, \boldsymbol{\alpha}_m)$，$\boldsymbol{B}=(\boldsymbol{\beta}_1, \boldsymbol{\beta}_2, \cdots, \boldsymbol{\beta}_n)$，则

$$(\boldsymbol{A}, \boldsymbol{B})=(\boldsymbol{\alpha}_1, \boldsymbol{\alpha}_2, \cdots, \boldsymbol{\alpha}_m, \boldsymbol{\beta}_1, \boldsymbol{\beta}_2, \cdots, \boldsymbol{\beta}_n).$$

(1) 设 $\boldsymbol{A}$ 中前 p 个列向量为独立向量，其他剩余的向量均为导出向量，则

$$\boldsymbol{A}=(\boldsymbol{\alpha}_1, \boldsymbol{\alpha}_2, \cdots, \boldsymbol{\alpha}_p, \boldsymbol{\alpha}_{p+1}, \cdots, \boldsymbol{\alpha}_m),\ R(\boldsymbol{A})=p.$$
$$R(\boldsymbol{A}, \boldsymbol{B})=R(\boldsymbol{\alpha}_1, \boldsymbol{\alpha}_2, \cdots, \boldsymbol{\alpha}_p, \boldsymbol{\beta}_1, \boldsymbol{\beta}_2, \cdots, \boldsymbol{\beta}_n)\geqslant p,$$

故 $R(\boldsymbol{A}, \boldsymbol{B})\geqslant R(\boldsymbol{A})$.

(2) 同理，可证 $R(\boldsymbol{A}, \boldsymbol{B})\geqslant R(\boldsymbol{B})$.

(3) 设 $\boldsymbol{B}$ 中前 q 个列向量为独立向量，其他剩余的向量均为导出向量，则

$$\boldsymbol{B}=(\boldsymbol{\beta}_1, \boldsymbol{\beta}_2, \cdots, \boldsymbol{\beta}_q, \boldsymbol{\beta}_{q+1}, \cdots, \boldsymbol{\beta}_n),\ R(\boldsymbol{B})=q.$$

$$\begin{aligned}R(\boldsymbol{A}, \boldsymbol{B})&=R(\boldsymbol{\alpha}_1, \boldsymbol{\alpha}_2, \cdots, \boldsymbol{\alpha}_p, \boldsymbol{\beta}_1, \boldsymbol{\beta}_2, \cdots, \boldsymbol{\beta}_q, \boldsymbol{\alpha}_{p+1}, \cdots, \boldsymbol{\alpha}_m, \boldsymbol{\beta}_{q+1}, \cdots, \boldsymbol{\beta}_n)\\&=R(\boldsymbol{\alpha}_1, \boldsymbol{\alpha}_2, \cdots, \boldsymbol{\alpha}_p, \boldsymbol{\beta}_1, \boldsymbol{\beta}_2, \cdots, \boldsymbol{\beta}_q)\leqslant p+q,\end{aligned}$$

故 $R(\boldsymbol{A}, \boldsymbol{B})\leqslant R(\boldsymbol{A})+R(\boldsymbol{B})$.

注意　通过独立向量这个角度分析秩会非常方便.

例 5－18　(2018 年)设 $\boldsymbol{A}, \boldsymbol{B}$ 为 n 阶矩阵，记 $R(\boldsymbol{X})$ 为矩阵 $\boldsymbol{X}$ 的秩，$(\boldsymbol{X}, \boldsymbol{Y})$ 表示分块矩阵，则(　　).

A. $R(\boldsymbol{A}, \boldsymbol{AB})=R(\boldsymbol{A})$　　　　B. $R(\boldsymbol{A}, \boldsymbol{BA})=R(\boldsymbol{A})$

C. $R(\boldsymbol{A},\boldsymbol{B})=\max\{R(\boldsymbol{A}),R(\boldsymbol{B})\}$　　　　D. $R(\boldsymbol{A},\boldsymbol{B})=R(\boldsymbol{A}^{\mathrm{T}},\boldsymbol{B}^{\mathrm{T}})$

解　求秩的方法：定义法与公式法；公式口诀："秩独梯".

由于矩阵 $\boldsymbol{A}$ 和矩阵 $\boldsymbol{B}$ 的元素未知，故选择独立公式.

(1) 对于 A 选项，令 $\boldsymbol{A}=(\boldsymbol{\alpha}_1,\boldsymbol{\alpha}_2)$，$\boldsymbol{B}=\begin{pmatrix}k_1 & k_3\\ k_2 & k_4\end{pmatrix}$.

$$\boldsymbol{AB}=(\boldsymbol{\alpha}_1,\boldsymbol{\alpha}_2)\begin{pmatrix}k_1 & k_3\\ k_2 & k_4\end{pmatrix}=(k_1\boldsymbol{\alpha}_1+k_2\boldsymbol{\alpha}_2,k_3\boldsymbol{\alpha}_1+k_4\boldsymbol{\alpha}_2),$$

$$R(\boldsymbol{A},\boldsymbol{AB})=R(\boldsymbol{\alpha}_1,\boldsymbol{\alpha}_2,k_1\boldsymbol{\alpha}_1+k_2\boldsymbol{\alpha}_2,k_3\boldsymbol{\alpha}_1+k_4\boldsymbol{\alpha}_2)=R(\boldsymbol{\alpha}_1,\boldsymbol{\alpha}_2)=R(\boldsymbol{A}).$$

注意　$k_1\boldsymbol{\alpha}_1+k_2\boldsymbol{\alpha}_2$，$k_3\boldsymbol{\alpha}_1+k_4\boldsymbol{\alpha}_2$ 为导出向量.

(2) 对于 B 选项，令 $\boldsymbol{B}=(\boldsymbol{\beta}_1,\boldsymbol{\beta}_2)$，$\boldsymbol{A}=\begin{pmatrix}k_5 & k_7\\ k_6 & k_8\end{pmatrix}$.

$$\boldsymbol{BA}=(\boldsymbol{\beta}_1,\boldsymbol{\beta}_2)\begin{pmatrix}k_5 & k_7\\ k_6 & k_8\end{pmatrix}=(k_5\boldsymbol{\beta}_1+k_6\boldsymbol{\beta}_2,k_7\boldsymbol{\beta}_1+k_8\boldsymbol{\beta}_2),$$

$$R(\boldsymbol{A},\boldsymbol{BA})=(\boldsymbol{\alpha}_1,\boldsymbol{\alpha}_2,k_5\boldsymbol{\beta}_1+k_6\boldsymbol{\beta}_2,k_7\boldsymbol{\beta}_1+k_8\boldsymbol{\beta}_2).$$

注意　$k_5\boldsymbol{\beta}_1+k_6\boldsymbol{\beta}_2$，$k_7\boldsymbol{\beta}_1+k_8\boldsymbol{\beta}_2$ 不一定为导出向量，所以 B 不对.

(3) 对于 C 和 D 选项，

$R(\boldsymbol{A},\boldsymbol{B})\geqslant R(\boldsymbol{A})$，且 $R(\boldsymbol{A},\boldsymbol{B})\geqslant R(\boldsymbol{B})$，且 $R(\boldsymbol{A},\boldsymbol{B})\leqslant R(\boldsymbol{A})+R(\boldsymbol{B})$.

综上所述，正确答案为 A.

例 5－19　(2010 年)设向量组 Ⅰ：$\boldsymbol{\alpha}_1,\boldsymbol{\alpha}_2,\cdots,\boldsymbol{\alpha}_r$ 可由向量组 Ⅱ：$\boldsymbol{\beta}_1,\boldsymbol{\beta}_2,\cdots,\boldsymbol{\beta}_s$ 线性表示，下列命题正确的是(　　).

A. 若向量组 Ⅰ 线性无关，则 $r\leqslant s$　　　　B. 若向量组 Ⅰ 线性相关，则 $r>s$

C. 若向量组Ⅱ线性无关，则 $r\leqslant s$　　　　D. 若向量组Ⅱ线性相关，则 $r>s$

解　令 $\boldsymbol{A}=(\boldsymbol{\alpha}_1,\boldsymbol{\alpha}_2,\cdots,\boldsymbol{\alpha}_r)$，$\boldsymbol{B}=(\boldsymbol{\beta}_1,\boldsymbol{\beta}_2,\cdots,\boldsymbol{\beta}_s)$. 由题意得：$\boldsymbol{A}=\boldsymbol{BC}$.

(1) 对于 A 选项，由于 $\boldsymbol{A}=\boldsymbol{BC}$，$R(\boldsymbol{A})\leqslant R(\boldsymbol{B})$. 向量组 Ⅰ 线性无关，故 $R(\boldsymbol{A})=r$.

由于 $R(\boldsymbol{B})\leqslant s$，$r=R(\boldsymbol{A})\leqslant R(\boldsymbol{B})\leqslant s$，即 $r\leqslant s$，故选 A.

(2) 对于 C 选项，由于 $\boldsymbol{A}=\boldsymbol{BC}$，$R(\boldsymbol{A})\leqslant R(\boldsymbol{B})$. 向量组 Ⅱ 线性无关，故 $R(\boldsymbol{B})=s$.

由于 $R(\boldsymbol{A})\leqslant r$，$r\geqslant R(\boldsymbol{A})\leqslant R(\boldsymbol{B})=s$，无法判断大小，故 C 错.

(3) 对于 B 选项，由于 $\boldsymbol{A}=\boldsymbol{BC}$，$R(\boldsymbol{A})\leqslant R(\boldsymbol{B})$、向量组 Ⅱ 线性相关，故 $R(\boldsymbol{A})<r$.

由于 $R(\boldsymbol{B})\leqslant s$，$r>R(\boldsymbol{A})\leqslant R(\boldsymbol{B})\leqslant s$，无法判断大小，故 B 错.

(4) 对于 D 选项，由于 $\boldsymbol{A}=\boldsymbol{BC}$，$R(\boldsymbol{A})\leqslant R(\boldsymbol{B})$. 向量组 Ⅱ 线性相关，故 $R(\boldsymbol{B})<s$.

由于 $R(\boldsymbol{A})\leqslant r$，$r\geqslant R(\boldsymbol{A})\leqslant R(\boldsymbol{B})<s$，无法判断大小，故 D 错.

课堂练习

【练习 5－24】　设向量组 Ⅰ：$\boldsymbol{\alpha}_1,\boldsymbol{\alpha}_2,\cdots,\boldsymbol{\alpha}_r$ 可由向量组Ⅱ：$\boldsymbol{\beta}_1,\boldsymbol{\beta}_2,\cdots,\boldsymbol{\beta}_s$ 线性表示，则(　　).

A. 当 $r<s$ 时，向量组 II 必线性相关

B. 当 $r>s$ 时，向量组 II 必线性相关

C. 当 $r<s$ 时，向量组 I 必线性相关

D. 当 $r>s$ 时，向量组 I 必线性相关

【练习 5-25】 设 n 阶方阵 $\boldsymbol{A}$ 的秩 $R(\boldsymbol{A})=r<n$，那么，在 $\boldsymbol{A}$ 的 n 个行向量中，(　　).

A. 必有 r 个行向量线性无关

B. 任意 r 个行向量都线性无关

C. 任意 r 个行向量都构成极大线性无关向量组

D. 任意一个行向量都可以由其他 r 个行向量线性表示

【练习 5-26】 设 $\boldsymbol{A}$ 为 $m\times n$ 矩阵，则齐次线性方程组 $\boldsymbol{AX}=\boldsymbol{0}$ 仅有零解的充分条件是(　　).

A. $\boldsymbol{A}$ 的列向量线性无关

B. $\boldsymbol{A}$ 的列向量线性相关

C. $\boldsymbol{A}$ 的行向量线性无关

D. $\boldsymbol{A}$ 的行向量线性相关

【练习 5-27】 已知向量组 $\boldsymbol{\alpha}_1=(1,\ 2,\ -1,\ 1)$，$\boldsymbol{\alpha}_2=(2,\ 0,\ t,\ 0)$，$\boldsymbol{\alpha}_3=(0,\ -4,\ 5,\ -2)$ 的秩为 2，则 $t=$________.

【练习 5-28】 已知向量组 $\boldsymbol{\alpha}_1=(1,\ 2,\ 3,\ 4)$，$\boldsymbol{\alpha}_2=(2,\ 3,\ 4,\ 5)$，$\boldsymbol{\alpha}_3=(3,\ 4,\ 5,\ 6)$，$\boldsymbol{\alpha}_4=(4,\ 5,\ 6,\ 7)$，则该向量组的秩是________.

【练习 5-29】 已知 4 阶方阵 $\boldsymbol{A}=(\boldsymbol{\alpha}_1,\ \boldsymbol{\alpha}_2,\ \boldsymbol{\alpha}_3,\ \boldsymbol{\alpha}_4)$，$\boldsymbol{\alpha}_1,\ \boldsymbol{\alpha}_2,\ \boldsymbol{\alpha}_3,\ \boldsymbol{\alpha}_4$ 均为 4 维列向量，其中，$\boldsymbol{\alpha}_2,\ \boldsymbol{\alpha}_3,\ \boldsymbol{\alpha}_4$ 线性无关，$\boldsymbol{\alpha}_1=2\boldsymbol{\alpha}_2-\boldsymbol{\alpha}_3$，如果 $\boldsymbol{\beta}=\boldsymbol{\alpha}_1+\boldsymbol{\alpha}_2+\boldsymbol{\alpha}_3+\boldsymbol{\alpha}_4$，求线性方程组 $\boldsymbol{Ax}=\boldsymbol{\beta}$ 的通解.

【练习 5-30】 设 $\boldsymbol{A}$ 是 $m\times n$ 矩阵，$\boldsymbol{B}$ 是 $n\times m$ 矩阵，$\boldsymbol{E}$ 是 n 阶单位矩阵 $(m>n)$，已知 $\boldsymbol{BA}=\boldsymbol{E}$. 试判断 $\boldsymbol{A}$ 的列向量组是否线性相关？为什么？

【练习 5-31】 设 $\boldsymbol{\alpha},\ \boldsymbol{\beta}$ 为 3 维列向量，矩阵 $\boldsymbol{A}=\boldsymbol{\alpha\alpha}^{\mathrm{T}}+\boldsymbol{\beta\beta}^{\mathrm{T}}$，其中，$\boldsymbol{\alpha}^{\mathrm{T}},\ \boldsymbol{\beta}^{\mathrm{T}}$ 分别是 $\boldsymbol{\alpha},\ \boldsymbol{\beta}$ 的转置. 证明：

(1) $R(\boldsymbol{A})\leqslant 2$；

(2) 若 $\boldsymbol{\alpha},\ \boldsymbol{\beta}$ 线性相关，则 $R(\boldsymbol{A})<2$.

§5.5 本章超纲内容汇总

【证明题】

用定义法证明线性相关或线性无关.

例如，(1988 年)已知向量组 $\boldsymbol{\alpha}_1,\ \boldsymbol{\alpha}_2,\ \cdots,\ \boldsymbol{\alpha}_s\ (s\geqslant 2)$ 线性无关. 设

$$\boldsymbol{\beta}_1=\boldsymbol{\alpha}_1+\boldsymbol{\alpha}_2,\ \boldsymbol{\beta}_2=\boldsymbol{\alpha}_2+\boldsymbol{\alpha}_3,\ \cdots,\ \boldsymbol{\beta}_{s-1}=\boldsymbol{\alpha}_{s-1}+\boldsymbol{\alpha}_s,\ \boldsymbol{\beta}_s=\boldsymbol{\alpha}_s+\boldsymbol{\alpha}_1.$$

试讨论向量组 $\boldsymbol{\beta}_1,\ \boldsymbol{\beta}_2,\ \cdots,\ \boldsymbol{\beta}_s$ 的线性相关性.

证明　设 $k_1,\ k_2,\ \cdots,\ k_s$ 满足 $k_1\boldsymbol{\beta}_1+k_2\boldsymbol{\beta}_2+\cdots+k_s\boldsymbol{\beta}_s=\boldsymbol{0}$，则

$$(k_1+k_s)\boldsymbol{\alpha}_1+(k_1+k_2)\boldsymbol{\alpha}_2+\cdots+(k_{s-1}+k_s)\boldsymbol{\alpha}_s=\mathbf{0},$$

……

注意　只需要掌握通过“计算$|\boldsymbol{A}|$或$R(\boldsymbol{A})$的值”来证明线性相关性的方法.

第6章 特征值类

§6.1 顽皮的济公(向量的正交)

知识梳理

1. 向量的正交

(1) 向量的正交.

定义 当向量的内积 $\boldsymbol{\alpha}^{\mathrm{T}}\boldsymbol{\beta}=0$ 时,称向量 $\boldsymbol{\alpha}$ 与 $\boldsymbol{\beta}$ 正交.

几何意义 两向量正交,即两向量互相垂直.

特例 若 $\boldsymbol{\alpha}=\mathbf{0}$,则 $\boldsymbol{\alpha}$ 与任何向量都正交.

(2) 单位向量.

向量的长度 用 $\|\boldsymbol{\alpha}\|$ 表示.

若 $\boldsymbol{\alpha}=\begin{pmatrix}x\\y\end{pmatrix}$, 则 $\|\boldsymbol{\alpha}\|=\sqrt{x^2+y^2}$;

若 $\boldsymbol{\alpha}=\begin{pmatrix}x\\y\\z\end{pmatrix}$, $\|\boldsymbol{\alpha}\|=\sqrt{x^2+y^2+z^2}$.

单位向量 若 $\|\boldsymbol{\alpha}\|=1$,称 $\boldsymbol{\alpha}$ 为单位向量.

视频 6-1 "施正单"

图 6-1 "施正单"

（3）施密特正交化.

① 正交化.

$$\boldsymbol{\beta}_1=\boldsymbol{\alpha}_1,\quad \boldsymbol{\beta}_2=\boldsymbol{\alpha}_2-\frac{(\boldsymbol{\alpha}_1,\boldsymbol{\alpha}_2)}{(\boldsymbol{\alpha}_1,\boldsymbol{\alpha}_1)}\boldsymbol{\alpha}_1.$$

② 单位化.

$$\boldsymbol{\gamma}_1=\frac{\boldsymbol{\beta}_1}{\|\boldsymbol{\beta}_1\|},\quad \boldsymbol{\gamma}_2=\frac{\boldsymbol{\beta}_2}{\|\boldsymbol{\beta}_2\|}.$$

简称："施正单".

2. 求"正交向量"的一般步骤

（1）3 个向量，两两正交，已知其中两个向量，求第 3 个向量的一般步骤如下：

① 设未知向量；

② 列方程组；

③ 解方程组；

④ 答.

（2）3 个向量，两两正交，已知其中 1 个向量，求其他两个向量的一般步骤如下：

① 设未知向量；

② 列方程组；

③ 解方程组；

④ 正交化；

⑤ 答.

3. 正交矩阵

定义　列向量都是单位向量，且两两正交，这样的方阵叫做正交矩阵.

特例　单位向量$\begin{pmatrix}1\\0\\0\end{pmatrix}$，$\begin{pmatrix}0\\1\\0\end{pmatrix}$，$\begin{pmatrix}0\\0\\1\end{pmatrix}$的组合，如$\begin{pmatrix}1&0&0\\0&1&0\\0&0&1\end{pmatrix}$，$\begin{pmatrix}0&1&0\\1&0&0\\0&0&1\end{pmatrix}$等.

定理　如果 $\boldsymbol{A}$ 为正交矩阵，那么，$\boldsymbol{A}^{\mathrm{T}}\boldsymbol{A}=\boldsymbol{E}$，即 $\boldsymbol{A}^{-1}=\boldsymbol{A}^{\mathrm{T}}$；反之亦然.

正交变换　若 $\boldsymbol{P}$ 为正交矩阵，则线性变换 $\boldsymbol{y}=\boldsymbol{Px}$ 称为正交变换.

6.1.1　向量的正交

例 6-1　已知向量

$$\boldsymbol{\alpha}=\begin{pmatrix}1\\1\\1\end{pmatrix}\quad 与\quad \boldsymbol{\beta}=\begin{pmatrix}1\\0\\-1\end{pmatrix}$$

正交，试求一个非零向量 $\boldsymbol{\gamma}$，使 $\boldsymbol{\alpha}$，$\boldsymbol{\beta}$，$\boldsymbol{\gamma}$ 两两正交.

解　（1）设未知向量. 设

$$\boldsymbol{\gamma}=\begin{pmatrix}x_1\\x_2\\x_3\end{pmatrix}.$$

(2) 列方程组.

① 由于 $\boldsymbol{\gamma}\perp\boldsymbol{\alpha}$, $\boldsymbol{\alpha}^{\mathrm{T}}\boldsymbol{\gamma}=0$,故 $x_1+x_2+x_3=0$.

② 由于 $\boldsymbol{\gamma}\perp\boldsymbol{\beta}$, $\boldsymbol{\beta}^{\mathrm{T}}\boldsymbol{\gamma}=0$,故 $x_1-x_3=0$.

③ $\begin{cases}x_1+x_2+x_3=0,\\x_1-x_3=0.\end{cases}$

(3) 解方程组.

$\boldsymbol{\xi}=\begin{pmatrix}1\\-2\\1\end{pmatrix}$,其通解为 $\boldsymbol{\gamma}=\begin{pmatrix}x_1\\x_2\\x_3\end{pmatrix}=k\boldsymbol{\xi}$,其中,$k$ 为任意常数.

(4) 答.

取 $k=1$,得

$$\boldsymbol{\gamma}=\boldsymbol{\xi}=\begin{pmatrix}1\\-2\\1\end{pmatrix}.$$

6.1.2 施密特正交化

例 6-2 已知向量

$$\boldsymbol{\alpha}=\begin{pmatrix}1\\0\\1\end{pmatrix}\quad 与\quad \boldsymbol{\beta}=\begin{pmatrix}1\\2\\1\end{pmatrix},$$

试对这两个向量进行施密特正交化.

分析 口诀:"施正单".

解 (1) 正交化.

$$\boldsymbol{\alpha}_1=\boldsymbol{\alpha},\quad \boldsymbol{\alpha}_2=\boldsymbol{\beta}-\frac{(\boldsymbol{\alpha},\boldsymbol{\beta})}{(\boldsymbol{\alpha},\boldsymbol{\alpha})}\boldsymbol{\alpha}=\boldsymbol{\beta}-\frac{2}{2}\boldsymbol{\alpha}=\boldsymbol{\beta}-\boldsymbol{\alpha}=\begin{pmatrix}1\\2\\1\end{pmatrix}-\begin{pmatrix}1\\0\\1\end{pmatrix}=\begin{pmatrix}0\\2\\0\end{pmatrix}.$$

(2) 单位化.

$$\boldsymbol{\gamma}_1=\frac{\boldsymbol{\alpha}_1}{\|\boldsymbol{\alpha}_1\|}=\frac{\boldsymbol{\alpha}_1}{\sqrt{2}}=\begin{pmatrix}\frac{1}{\sqrt{2}}\\0\\\frac{1}{\sqrt{2}}\end{pmatrix},\quad \boldsymbol{\gamma}_2=\frac{\boldsymbol{\alpha}_2}{\|\boldsymbol{\alpha}_2\|}=\frac{\boldsymbol{\alpha}_2}{2}=\begin{pmatrix}0\\1\\0\end{pmatrix}.$$

例 6－3　已知向量

$$\boldsymbol{\alpha}=\begin{pmatrix}1\\-1\\1\end{pmatrix},$$

试求两个非零向量 $\boldsymbol{\beta}$, $\boldsymbol{\gamma}$,使 $\boldsymbol{\alpha}$, $\boldsymbol{\beta}$, $\boldsymbol{\gamma}$ 两两正交.

解　(1) 设未知向量. 设

$$\boldsymbol{x}=\begin{pmatrix}x_1\\x_2\\x_3\end{pmatrix}.$$

(2) 列方程组.

由于 $\boldsymbol{x}\perp\boldsymbol{\alpha}$, $\boldsymbol{\alpha}^{\mathrm{T}}\boldsymbol{x}=0$,故 $x_1-x_2+x_3=0$.

(3) 解方程组. 通解为

$$k_1\begin{pmatrix}1\\1\\0\end{pmatrix}+k_2\begin{pmatrix}-1\\0\\1\end{pmatrix}=k_1\boldsymbol{\xi}_1+k_2\boldsymbol{\xi}_2.$$

(4) 正交化.

$\boldsymbol{\beta}_1=\boldsymbol{\xi}_1$,

$$\boldsymbol{\beta}_2=\boldsymbol{\xi}_2-\frac{(\boldsymbol{\xi}_1,\boldsymbol{\xi}_2)}{(\boldsymbol{\xi}_1,\boldsymbol{\xi}_1)}\boldsymbol{\xi}_1=\boldsymbol{\xi}_2-\frac{-1}{2}\boldsymbol{\xi}_1=\begin{pmatrix}-1\\0\\1\end{pmatrix}+\frac{1}{2}\begin{pmatrix}1\\1\\0\end{pmatrix}=\begin{pmatrix}-1+\frac{1}{2}\\0+\frac{1}{2}\\0+1\end{pmatrix}=\begin{pmatrix}-\frac{1}{2}\\\frac{1}{2}\\1\end{pmatrix}.$$

(5) 答.

$$\boldsymbol{\beta}=\boldsymbol{\beta}_1=\boldsymbol{\xi}_1=\begin{pmatrix}1\\1\\0\end{pmatrix},\quad \boldsymbol{\gamma}=\boldsymbol{\beta}_2=\begin{pmatrix}-\frac{1}{2}\\\frac{1}{2}\\1\end{pmatrix}.$$

6.1.3　正交矩阵

例 6－4　请判断矩阵

$$P=\begin{pmatrix}\frac{1}{\sqrt{3}} & \frac{1}{\sqrt{2}} & \frac{1}{\sqrt{6}}\\ \frac{1}{\sqrt{3}} & 0 & -\frac{2}{\sqrt{6}}\\ \frac{1}{\sqrt{3}} & -\frac{1}{\sqrt{2}} & \frac{1}{\sqrt{6}}\end{pmatrix}$$

是否为正交矩阵.

解 (1) 判断:是否两两正交.

令 $P=(p_1, p_2, p_3)$,

$$p_1^{T}p_2=\frac{1}{\sqrt{6}}-\frac{1}{\sqrt{6}}=0,\quad p_1^{T}p_3=\frac{1}{\sqrt{18}}-\frac{2}{\sqrt{18}}+\frac{1}{\sqrt{18}}=0,\quad p_2^{T}p_3=\frac{1}{\sqrt{12}}-\frac{1}{\sqrt{12}}=0.$$

(2) 判断:是否均为单位向量.

$$\|p_1\|=\sqrt{\frac{1}{3}+\frac{1}{3}+\frac{1}{3}}=1,\quad \|p_2\|=\sqrt{\frac{1}{2}+\frac{1}{2}}=1,\quad \|p_3\|=\sqrt{\frac{1}{6}+\frac{4}{6}+\frac{1}{6}}=1,$$

故 P 是正交矩阵.

§6.2 螳螂与麻花(特征值与特征向量)

知识梳理

1. 矩阵 A 的特征值与特征向量

(1) 特征值.

① 定义.

特征值 设 A 是 n 阶矩阵,如果数 λ 和 n 维非零列向量 ξ,能使 $A\xi=\lambda\xi$ 成立,那么,数 λ 称为 A 的特征值. $A\xi=\lambda\xi$ 也可以写成 $(\lambda E-A)\xi=\mathbf{0}$.

特征方程 $|\lambda E-A|=0$,称为 A 的特征方程,故 n 阶矩阵 A 有 n 个特征值.

② 公式.

加法公式 $\lambda_1+\lambda_2+\lambda_3=a_{11}+a_{22}+a_{33}$.

乘法公式 $\lambda_1\lambda_2\lambda_3=|A|$.

因为 λ 有 2 个定义、2 个公式,所以,可以简称为"2+2".

(2) 特征向量

① 定义.

设 A 是 n 阶矩阵,如果数 λ 和 n 维非零列向量能使 $A\xi=\lambda\xi$ 成立,那么,数 λ 称为 A 的特征值,非零向量 ξ 称为 A 的对应于特征值 λ 的特征向量.

② 公式(性质).

1 重特征值对应的所有特征向量为 $k\boldsymbol{\xi}(k \neq 0)$；

2 重特征值对应的所有特征向量为 $k\boldsymbol{\xi}$ 或 $k_1\boldsymbol{\xi}_1 + k_2\boldsymbol{\xi}_2(k, k_1, k_2 \neq 0)$；

不同的特征值对应的特征向量线性无关.

因为 ξ 有 1 个定义、1 张图，所以，可以简称为“1+1”.

注意：当特征值和特征向量在题目中同时出现时，应优先分析特征向量.

2. $f(\boldsymbol{A})$的特征值与特征向量

(1) $f(\boldsymbol{A})$.

如果 $\boldsymbol{A}$ 的特征值为 λ，其对应的特征向量为 $\boldsymbol{\xi}$，那么，以下矩阵的特征值和特征向量分别如表 6-1 所示. 其中，

$f(\boldsymbol{A}) = a_0\boldsymbol{E} + a_1\boldsymbol{A} + \cdots + a_m\boldsymbol{A}^m$ 是矩阵 $\boldsymbol{A}$ 的多项式，

$f(\lambda) = a_0 + a_1\lambda + \cdots + a_m\lambda^m$ 是 λ 的多项式.

表 6-1

矩阵	$\boldsymbol{0}$	$\boldsymbol{E}$	$k\boldsymbol{A}$	$\boldsymbol{A}^k$	$f(\boldsymbol{A})$	$\boldsymbol{A}^{-1}$	$\boldsymbol{A}^*$	$f(\boldsymbol{A}) + \boldsymbol{A}^{-1} + \boldsymbol{A}^*$
特征值	0	1	$k\lambda$	λ^k	$f(\lambda)$	$\frac{1}{\lambda}$	$\frac{\lvert\boldsymbol{A}\rvert}{\lambda}$	$f(\lambda) + \frac{1}{\lambda} + \frac{\lvert\boldsymbol{A}\rvert}{\lambda}$
对应的特征向量	任意	任意	$\boldsymbol{\xi}$	$\boldsymbol{\xi}$	$\boldsymbol{\xi}$	$\boldsymbol{\xi}$	$\boldsymbol{\xi}$	$\boldsymbol{\xi}$

(2) $f(\boldsymbol{A}) = 0$.

如果 $\boldsymbol{A}$ 的特征值为 λ，且矩阵 $\boldsymbol{A}$ 满足 $f(\boldsymbol{A}) = \boldsymbol{0}$，则 $f(\lambda) = 0$.

3. “数值矩阵”特征值 λ 与特征向量 ξ 的求法

(1) $\lvert \lambda\boldsymbol{E} - \boldsymbol{A} \rvert = 0 \Rightarrow$ 特征值 λ；

(2) $(\lambda\boldsymbol{E} - \boldsymbol{A})\boldsymbol{x} = \boldsymbol{0} \Rightarrow$ 特征向量 $\boldsymbol{\xi}$.

注意　(1) 对角矩阵、三角矩阵的特征值由口算即可求出；

(2) 若 $\boldsymbol{A}$ 为方阵，除了可以求 $\lvert\boldsymbol{A}\rvert$，还可以求其特征值 λ；

可以把 λ 想象成“螳螂”.

视频 6-2　“天方夜谭-螳螂”

图 6-2　“天方夜谭-螳螂”

6.2.1　$\boldsymbol{A}$ 与 $f(\boldsymbol{A})$

例 6-5　(2018 年)设 2 阶矩阵 $\boldsymbol{A}$ 有两个不同特征值，$\boldsymbol{\alpha}_1$，$\boldsymbol{\alpha}_2$ 是 $\boldsymbol{A}$ 的线性无关的特征

向量,且满足 $\boldsymbol{A}^2(\boldsymbol{\alpha}_1+\boldsymbol{\alpha}_2)=\boldsymbol{\alpha}_1+\boldsymbol{\alpha}_2$,则 $|\boldsymbol{A}|=$ ________.

解 由于题目中出现 $\boldsymbol{A}^2$,需要分析 $f(\boldsymbol{A})$的特征向量.

设 $\boldsymbol{A}$ 的特征值为λ,则 $\boldsymbol{A}^2$ 的特征值为 λ^2.

由于 $\boldsymbol{A}^2(\boldsymbol{\alpha}_1+\boldsymbol{\alpha}_2)=1\times(\boldsymbol{\alpha}_1+\boldsymbol{\alpha}_2)$, $\boldsymbol{A}^2$ 的特征值为 1.

$\lambda^2=1$, $\lambda=\pm1$,有 $\lambda_1=1$, $\lambda_2=-1$.

$|\boldsymbol{A}|=\lambda_1\lambda_2=1\times(-1)=-1$.

例 6-6 (2017 年)设矩阵

$$\boldsymbol{A}=\begin{pmatrix}4&1&-2\\1&2&a\\3&1&-1\end{pmatrix}$$

的一个特征向量为$\begin{pmatrix}1\\1\\2\end{pmatrix}$,则 $a=$ ________.

解 题目中明显没有出现 $f(\boldsymbol{A})$,所以,需要分析 $\boldsymbol{A}$ 的特征向量.

由于 $\boldsymbol{A\xi}=\lambda\boldsymbol{\xi}$,

$$\begin{pmatrix}4&1&-2\\1&2&a\\3&1&-1\end{pmatrix}\begin{pmatrix}1\\1\\2\end{pmatrix}=\lambda\begin{pmatrix}1\\1\\2\end{pmatrix},\quad 有\begin{pmatrix}1\\3+2a\\2\end{pmatrix}=\begin{pmatrix}\lambda\\\lambda\\2\lambda\end{pmatrix}.$$

因此,$\lambda=1$, $3+2a=\lambda$, $a=-1$.

例 6-7 (2015 年)设 3 阶矩阵 $\boldsymbol{A}$ 的特征值为 2, -2, 1, $\boldsymbol{B}=\boldsymbol{A}^2-\boldsymbol{A}+\boldsymbol{E}$,其中,$\boldsymbol{E}$ 为 3 阶单位矩阵,则行列式 $|\boldsymbol{B}|=$ ________.

解 题目中出现 $\boldsymbol{A}$ 的函数,所以,需要分析 $f(\boldsymbol{A})$.

设 $\boldsymbol{A}$ 的特征值为λ,则 $\boldsymbol{B}$ 的特征值为 $f(\lambda)=\lambda^2-\lambda+1$.

矩阵 $\boldsymbol{A}$ 的特征值为 2, -2, 1,故 $\boldsymbol{B}$ 的特征值为 3, 7, 1.

$|\boldsymbol{B}|=3\times7\times1=21$.

例 6-8 (2009 年)若 3 维列向量 $\boldsymbol{\alpha}$, $\boldsymbol{\beta}$ 满足 $\boldsymbol{\alpha}^{\mathrm{T}}\boldsymbol{\beta}=2$,其中,$\boldsymbol{\alpha}^{\mathrm{T}}$ 为 $\boldsymbol{\alpha}$ 的转置,则矩阵 $\boldsymbol{\beta\alpha}^{\mathrm{T}}$ 的非零特征值为 ________.

解 题目中明显没有出现 $f(\boldsymbol{A})$,所以,需要分析 $\boldsymbol{A}$ 的特征向量.

由于 $\boldsymbol{A\xi}=\lambda\boldsymbol{\xi}$, $\boldsymbol{\beta\alpha}^{\mathrm{T}}\boldsymbol{\xi}=\lambda\boldsymbol{\xi}$.

由于 $\boldsymbol{\beta\alpha}^{\mathrm{T}}\boldsymbol{\beta}=\boldsymbol{\beta}\cdot2=2\boldsymbol{\beta}$, $\boldsymbol{\beta\alpha}^{\mathrm{T}}$ 的特征值为 2,其对应的特征向量为 $\boldsymbol{\beta}$.

例 6-9 设 $\boldsymbol{A}$ 是 2 阶矩阵,且满足 $\boldsymbol{A}^2+\boldsymbol{A}-6\boldsymbol{E}=\boldsymbol{0}$,则 $|\boldsymbol{A}+5\boldsymbol{E}|=$ ________.

解 题目中出现 $\boldsymbol{A}$ 的函数,所以,需要分析 $f(\boldsymbol{A})$.

由于 $\boldsymbol{A}^2+\boldsymbol{A}-6\boldsymbol{E}=\boldsymbol{0}$, $\lambda^2+\lambda-6=0$, $(\lambda+3)(\lambda-2)=0$,有 $\lambda_1=-3$, $\lambda_2=2$.

$A+5E$ 的特征值为 2，7，故 $|A+5E|=2\times7=14$.

6.2.2　数值矩阵

例 6-10　求矩阵

$$A=\begin{pmatrix}-1&1&0\\-4&3&0\\1&0&2\end{pmatrix}$$

的特征值和特征向量.

解　(1) 求特征值.

$$|\lambda E-A|=\begin{vmatrix}\lambda+1&-1&0\\4&\lambda-3&0\\-1&0&\lambda-2\end{vmatrix}=(\lambda-2)(\lambda-1)^2=0,$$

故 $\lambda_1=2$，$\lambda_2=\lambda_3=1$.

(2) 求特征向量.

① 当 $\lambda_1=2$ 时，解方程组 $(\lambda E-A)x=\mathbf{0}$，

$$\lambda E-A=\begin{pmatrix}3&-1&0\\4&-1&0\\-1&0&0\end{pmatrix},\quad 解得\ \xi_1=\begin{pmatrix}0\\0\\1\end{pmatrix}.$$

$k_1\xi_1(k_1\neq0)$ 为对应于 $\lambda_1=2$ 的全部特征向量.

② 当 $\lambda_2=\lambda_3=1$ 时，解方程组 $(\lambda E-A)x=\mathbf{0}$，

$$\lambda E-A=\begin{pmatrix}2&-1&0\\4&-2&0\\-1&0&-1\end{pmatrix},\quad 解得\ \xi_2=\begin{pmatrix}-1\\-2\\1\end{pmatrix}.$$

$k_2\xi_2(k_2\neq0)$ 为对应于 $\lambda_2=\lambda_3=1$ 的全部特征向量.

注意　该题型经常考察；计算量偏大，平时要多加练习，以提高计算速度与准确率.

例 6-11　设矩阵

$$A=\begin{pmatrix}-1&1&0\\0&3&0\\0&0&2\end{pmatrix},\quad B=\begin{pmatrix}3&0&0\\0&3&0\\0&0&3\end{pmatrix},$$

求 A，B 的特征值.

分析　A 为上三角矩阵，B 为对角矩阵.

解

$$|\lambda \boldsymbol{E}-\boldsymbol{A}|=\begin{vmatrix}\lambda+1 & -1 & 0\\ 0 & \lambda-3 & 0\\ 0 & 0 & \lambda-2\end{vmatrix}=(\lambda+1)(\lambda-3)(\lambda-2)=0,$$

故 $\lambda_1=-1$, $\lambda_2=3$, $\lambda_3=2$.

$$|\lambda \boldsymbol{E}-\boldsymbol{B}|=\begin{vmatrix}\lambda-3 & & \\ & \lambda-3 & \\ & & \lambda-3\end{vmatrix}=(\lambda-3)^3=0,$$

故 $\lambda_1=\lambda_2=\lambda_3=3$.

总结 对角矩阵、三角形矩阵主对角线上的数值,就是它们的特征值,口算即可求解.

课堂练习

【练习 6-1】 设 $\boldsymbol{A}$ 为 n 阶可逆矩阵,λ 是 $\boldsymbol{A}$ 的一个特征值,则 $\boldsymbol{A}$ 的伴随矩阵 $\boldsymbol{A}^*$ 的特征值之一是( ).

A. $\lambda^{-1}|\boldsymbol{A}|^n$ B. $\lambda^{-1}|\boldsymbol{A}|$ C. $\lambda|\boldsymbol{A}|$ D. $\lambda|\boldsymbol{A}|^n$

【练习 6-2】 设 $\lambda=2$ 是非奇异矩阵 $\boldsymbol{A}$ 的一个特征值,则矩阵 $\left(\frac{1}{3}\boldsymbol{A}^2\right)^{-1}$ 有一特征值等于( ).

A. $\frac{4}{3}$ B. $\frac{3}{4}$ C. $\frac{1}{2}$ D. $\frac{1}{4}$

【练习 6-3】 矩阵

$$\begin{pmatrix}0 & -2 & -2\\ 2 & 2 & -2\\ -2 & -2 & 2\end{pmatrix}$$

的非零特征值是________.

【练习 6-4】 设 $\boldsymbol{A}$ 为 n 阶矩阵,$|\boldsymbol{A}|\neq 0$, $\boldsymbol{A}^*$ 为 $\boldsymbol{A}$ 的伴随矩阵,$\boldsymbol{E}$ 为 n 阶单位矩阵. 若 $\boldsymbol{A}$ 有特征值 λ,则 $(\boldsymbol{A}^*)^2+\boldsymbol{E}$ 必有特征值________.

【练习 6-5】 矩阵

$$\boldsymbol{A}=\begin{pmatrix}1 & 1 & 1 & 1\\ 1 & 1 & 1 & 1\\ 1 & 1 & 1 & 1\\ 1 & 1 & 1 & 1\end{pmatrix}$$

的非零特征值是________.

【练习 6-6】 设 n 阶矩阵 $\boldsymbol{A}$ 的元素全为 1,则 $\boldsymbol{A}$ 的 n 个特征值是________.

【练习 6-7】 设 $\boldsymbol{A}$ 为 2 阶矩阵,$\boldsymbol{\alpha}_1$, $\boldsymbol{\alpha}_2$ 为线性无关的 2 维列向量,$\boldsymbol{A}\boldsymbol{\alpha}_1=\boldsymbol{0}$, $\boldsymbol{A}\boldsymbol{\alpha}_2=2\boldsymbol{\alpha}_1+\boldsymbol{\alpha}_2$ 则 $\boldsymbol{A}$ 的非零特征值为________.

【练习 6－8】 求矩阵

$$A=\begin{pmatrix}-3 & -1 & 2\\ 0 & -1 & 4\\ -1 & 0 & 1\end{pmatrix}$$

的实特征值及对应的特征向量.

【练习 6－9】 设矩阵

$$A=\begin{pmatrix}-1 & 2 & 2\\ 2 & -1 & -2\\ 2 & -2 & -1\end{pmatrix}.$$

(1) 试求矩阵 A 的特征值；

(2) 利用(1)的结果，求矩阵 $E+A^{-1}$ 的特征值，其中，E 是 3 阶单位矩阵.

【练习 6－10】 设 3 阶矩阵 A 的特征值为 $\lambda_1=1,\ \lambda_2=2,\ \lambda_3=3$，对应的特征向量依次为

$$\xi_1=\begin{pmatrix}1\\1\\1\end{pmatrix},\quad \xi_2=\begin{pmatrix}1\\2\\4\end{pmatrix},\quad \xi_3=\begin{pmatrix}1\\3\\9\end{pmatrix},\quad \text{又有向量 } \beta=\begin{pmatrix}1\\1\\3\end{pmatrix}.$$

(1) 将 β 用 $\xi_1,\ \xi_2,\ \xi_3$ 线性表示；

(2) 求 $A^n\beta$（n 为自然数）.

【练习 6－11】 设矩阵

$$A=\begin{pmatrix}a & -1 & c\\ 5 & b & 3\\ 1-c & 0 & -a\end{pmatrix},$$

其行列式 $|A|=-1$，又 A 的伴随矩阵 A^* 有一个特征值 λ_0，属于 λ_0 的一个特征向量为 $\alpha=(-1,\ -1,\ 1)^{\mathrm T}$，求 $a,\ b,\ c$ 和 λ_0 的值.

【练习 6－12】 已知向量 $\alpha=(1,\ k,\ 1)^{\mathrm T}$ 是矩阵

$$A=\begin{pmatrix}2 & 1 & 1\\ 1 & 2 & 1\\ 1 & 1 & 2\end{pmatrix}$$

的逆矩阵 A^{-1} 的特征向量，试求常数 k 的值.

【练习 6－13】 设矩阵

$$A=\begin{pmatrix}0 & 0 & 1\\ x & 1 & y\\ 1 & 0 & 0\end{pmatrix}$$

有 3 个线性无关的特征向量，求 x 和 y 应满足的条件.

【练习 6－14】 设有 4 阶方阵 A 满足条件 $|3E+A|=0,\ AA^{\mathrm T}=2E,\ |A|<0$，其中，$E$ 是 4 阶单位阵. 求方阵 A 的伴随矩阵 A^* 的一个特征值.

§6.3 白领风云(对角化)

知识梳理

1. 定义

"黄金矩阵" 在众多矩阵中,对角矩阵的价值最高,所以,对角矩阵 $\boldsymbol{\Lambda}$ 又称"黄金矩阵".

"石头矩阵" 除"黄金矩阵"以外的其他矩阵称为"石头矩阵".

对角化 寻找矩阵 $\boldsymbol{P}$,使得 $\boldsymbol{P}^{-1}\boldsymbol{A}\boldsymbol{P}=\boldsymbol{\Lambda}$,这个过程叫做把 $\boldsymbol{A}$ 对角化.

"魔法矩阵" 其中,矩阵 $\boldsymbol{P}$ 称为"魔法矩阵",它有能够点石成金的魔法.魔法矩阵可逆.

"对角化"的另类解释 $\boldsymbol{P}^{-1}\boldsymbol{A}\boldsymbol{P}=\boldsymbol{\Lambda}$ 的含义:魔法矩阵 $\boldsymbol{P}$ 把石头 $\boldsymbol{A}$ 变成金子.

2. "普通矩阵 A"对角化的一般步骤(以 3 阶矩阵为例)

(1) 求出矩阵 $\boldsymbol{A}$ 的全部特征值 λ_1, λ_2, λ_3;

(2) 求出矩阵 $\boldsymbol{A}$ 的 3 个线性无关的特征向量 $\boldsymbol{\xi}_1$, $\boldsymbol{\xi}_2$, $\boldsymbol{\xi}_3$;

(3) 通过拼接,得到矩阵 $\boldsymbol{P}$ 和对角矩阵 $\boldsymbol{\Lambda}$,

$$\boldsymbol{P}=(\boldsymbol{\xi}_1, \boldsymbol{\xi}_2, \boldsymbol{\xi}_3),$$

$$\boldsymbol{\Lambda}=\begin{pmatrix}\lambda_1 & & \\ & \lambda_2 & \\ & & \lambda_3\end{pmatrix};$$

(4) 答(有 $\boldsymbol{P}^{-1}\boldsymbol{A}\boldsymbol{P}=\boldsymbol{\Lambda}$).

视频 6-3 "对,特拼"

图 6-3 "对,特拼"

简称:"对,特拼".

结论 1:因为"石头矩阵"$\boldsymbol{A}$ 给定后,特征向量 $\boldsymbol{\xi}_1$, $\boldsymbol{\xi}_2$, $\boldsymbol{\xi}_3$ 不唯一,所以,"魔法矩阵"$\boldsymbol{P}$ 不唯一.

结论 2:因为"石头矩阵"$\boldsymbol{A}$ 给定后,特征值 λ_1, λ_2, λ_3 是唯一的,所以,"黄金矩阵"$\boldsymbol{\Lambda}$ 具有唯一性.

3. "对称矩阵"(回顾)

(1) "对称矩阵"的特点 1: $\boldsymbol{A}=\boldsymbol{A}^{\mathrm{T}}$.

(2) "对称矩阵"的特点 2:不同特征值的特征向量相互正交.

4. “正交矩阵”(回顾)

(1)“正交矩阵”的特点 1:其列向量两两正交.

(2)“正交矩阵”的特点 2:每一个列向量都是单位向量.

(3)“正交矩阵”的特点 3:$\boldsymbol{A}^{-1}=\boldsymbol{A}^{\mathrm{T}}$,即:正交矩阵的逆等于它的转置,简称:“正交逆置”.

正交逆置

(蒸饺)

视频 6-4　“正交逆置”

图 6-4　“正交逆置”

5. “对称矩阵”$\boldsymbol{A}$ 对角化的特殊步骤(以 3 阶矩阵为例)

(1) 求出矩阵 $\boldsymbol{A}$ 的全部特征值 λ_1, λ_2, λ_3;

(2) 求出矩阵 $\boldsymbol{A}$ 的 3 个线性无关的特征向量 $\boldsymbol{\xi}_1$, $\boldsymbol{\xi}_2$, $\boldsymbol{\xi}_3$;

(3) 对 $\boldsymbol{\xi}_1$, $\boldsymbol{\xi}_2$, $\boldsymbol{\xi}_3$ 进行施密特正交化,得到 3 个互相垂直的单位向量 $\boldsymbol{p}_1$, $\boldsymbol{p}_2$, $\boldsymbol{p}_3$;

(4) 通过拼接,得到正交矩阵 $\boldsymbol{P}$ 和对角矩阵 $\boldsymbol{\Lambda}$,

$$\boldsymbol{P}=(\boldsymbol{p}_1,\ \boldsymbol{p}_2,\ \boldsymbol{p}_3).$$

注意　此时“魔法矩阵”$\boldsymbol{P}$ 为正交矩阵,属于“西方魔法”.

$$\boldsymbol{\Lambda}=\begin{pmatrix}\lambda_1 & & \\ & \lambda_2 & \\ & & \lambda_3\end{pmatrix}.$$

(5) 答. 有 $\boldsymbol{P}^{-1}\boldsymbol{A}\boldsymbol{P}=\boldsymbol{P}^{\mathrm{T}}\boldsymbol{A}\boldsymbol{P}=\boldsymbol{\Lambda}$.

简称:“对对,特施拼”.

对对,特死拼

(施)

视频 6-5　“对对,特施拼”

图 6-5　“对对,特施拼”

6. 已知 $\boldsymbol{P}$ 和 $\boldsymbol{\Lambda}$，反求 $\boldsymbol{A}$

$$\boldsymbol{P}^{-1}\boldsymbol{A}\boldsymbol{P}=\boldsymbol{\Lambda}\Rightarrow\boldsymbol{A}=\boldsymbol{P}\boldsymbol{\Lambda}\boldsymbol{P}^{-1}.$$

7. "矩阵幂"的求法

(1) 归纳法.

(2) 对角阵法.

$$\boldsymbol{A}^n=\boldsymbol{P}\boldsymbol{\Lambda}^n\boldsymbol{P}^{-1}.$$

证明：由于 $\boldsymbol{P}^{-1}\boldsymbol{A}\boldsymbol{P}=\boldsymbol{\Lambda}$，有 $\boldsymbol{A}=\boldsymbol{P}\boldsymbol{\Lambda}\boldsymbol{P}^{-1}$，$\boldsymbol{A}^n=(\boldsymbol{P}\boldsymbol{\Lambda}\boldsymbol{P}^{-1})(\boldsymbol{P}\boldsymbol{\Lambda}\boldsymbol{P}^{-1})\boldsymbol{\Lambda}(\boldsymbol{P}\boldsymbol{\Lambda}\boldsymbol{P}^{-1})=\boldsymbol{P}\boldsymbol{\Lambda}^n\boldsymbol{P}^{-1}$.

(3) 向量外积法.

简称："幂(秘)归对外".

规律：一般来说，大题一般使用"对角阵法".

6.3.1 普通矩阵的对角化

例 6-12 (2016 年)设矩阵

$$\boldsymbol{A}=\begin{pmatrix}0&-1&1\\2&-3&0\\0&0&0\end{pmatrix},$$

求可逆矩阵 $\boldsymbol{P}$，使 $\boldsymbol{P}^{-1}\boldsymbol{A}\boldsymbol{P}$ 为对角矩阵.

分析 口诀："对，特拼".

解 (1) 求特征值.

$$|\lambda\boldsymbol{E}-\boldsymbol{A}|=\begin{vmatrix}\lambda&1&-1\\-2&\lambda+3&0\\0&0&\lambda\end{vmatrix}=\lambda(\lambda+1)(\lambda+2)=0,$$

故 $\lambda_1=-1$，$\lambda_2=-2$，$\lambda_3=0$.

(2) 求特征向量.

$$\boldsymbol{\xi}_1=\begin{pmatrix}1\\1\\0\end{pmatrix},\quad\boldsymbol{\xi}_2=\begin{pmatrix}1\\2\\0\end{pmatrix},\quad\boldsymbol{\xi}_3=\begin{pmatrix}3\\2\\2\end{pmatrix}.$$

(3) 拼接.

$$\boldsymbol{P}=(\boldsymbol{\xi}_1,\boldsymbol{\xi}_2,\boldsymbol{\xi}_3)=\begin{pmatrix}1&1&3\\1&2&2\\0&0&2\end{pmatrix},\quad\boldsymbol{\Lambda}=\begin{pmatrix}-1&&\\&-2&\\&&0\end{pmatrix}.$$

(4) 有 $\boldsymbol{P}^{-1}\boldsymbol{A}\boldsymbol{P}=\boldsymbol{\Lambda}$.

6.3.2 对称矩阵的对角化

例 6-13 (2010 年)设矩阵

$$A=\begin{pmatrix}0&-1&4\\-1&3&-1\\4&-1&0\end{pmatrix},$$

求正交矩阵 Q,使得 $Q^{T}AQ$ 为对角矩阵.

分析 (1) 矩阵 A 为对称矩阵;

(2) 口诀:“对对,特死拼”,“施正单”,“正交逆置”.

解 (1) 求特征值.

$$|\lambda E-A|=\begin{vmatrix}\lambda&1&-4\\1&\lambda-3&1\\-4&1&\lambda\end{vmatrix}=(\lambda-2)(\lambda+4)(\lambda-5)=0,$$

故 $\lambda_1=2,\lambda_2=-4,\lambda_3=5$.

(2) 求特征向量.

$$\xi_1=\begin{pmatrix}1\\2\\1\end{pmatrix},\quad \xi_2=\begin{pmatrix}-1\\0\\1\end{pmatrix},\quad \xi_3=\begin{pmatrix}1\\-1\\1\end{pmatrix}.$$

(3) 施密特正交化.

① 正交化(特征向量互相垂直,省略).

② 单位化.

$$\eta_1=\frac{\xi_1}{\|\xi_1\|}=\frac{1}{\sqrt{6}}\begin{pmatrix}1\\2\\1\end{pmatrix},\quad \eta_2=\frac{\xi_2}{\|\xi_2\|}=\frac{1}{\sqrt{2}}\begin{pmatrix}-1\\0\\1\end{pmatrix},\quad \eta_3=\frac{\xi_3}{\|\xi_3\|}=\frac{1}{\sqrt{3}}\begin{pmatrix}1\\-1\\1\end{pmatrix}.$$

(4) 拼接.

$$Q=(\eta_1,\eta_2,\eta_3)=\begin{pmatrix}\frac{1}{\sqrt{6}}&-\frac{1}{\sqrt{2}}&\frac{1}{\sqrt{3}}\\\frac{2}{\sqrt{6}}&0&-\frac{1}{\sqrt{3}}\\\frac{1}{\sqrt{6}}&\frac{1}{\sqrt{2}}&\frac{1}{\sqrt{3}}\end{pmatrix},\quad \Lambda=\begin{pmatrix}2&&\\&-4&\\&&5\end{pmatrix}.$$

(5) 有 $Q^{-1}AQ=Q^{T}AQ=\Lambda$.

6.3.3 综合及应用

例 6-14 (2011 年)A 为 3 阶实对称矩阵,A 的秩为 2,即 $R(A)=2$,且

$$A\begin{pmatrix}1&1\\0&0\\-1&1\end{pmatrix}=\begin{pmatrix}-1&1\\0&0\\1&1\end{pmatrix}.$$

(1) 求 $\boldsymbol{A}$ 的所有特征值与特征向量；

(2) 求矩阵 $\boldsymbol{A}$.

分析 口诀："对对，特死拼"，"施正单"，"正交逆置".

解 (1) 令

$$\boldsymbol{\alpha}_1=\begin{pmatrix}1\\0\\-1\end{pmatrix},\quad \boldsymbol{\alpha}_2=\begin{pmatrix}1\\0\\1\end{pmatrix},$$

则 $\boldsymbol{A}(\boldsymbol{\alpha}_1,\boldsymbol{\alpha}_2)=(-\boldsymbol{\alpha}_1,\boldsymbol{\alpha}_2)$. 有 $(\boldsymbol{A}\boldsymbol{\alpha}_1,\boldsymbol{A}\boldsymbol{\alpha}_2)=(-\boldsymbol{\alpha}_1,\boldsymbol{\alpha}_2)$，$\boldsymbol{A}\boldsymbol{\alpha}_1=-\boldsymbol{\alpha}_1$，$\boldsymbol{A}\boldsymbol{\alpha}_2=1\cdot\boldsymbol{\alpha}_2$.

$\lambda_1=-1$，其对应的所有特征向量为 $k_1\boldsymbol{\alpha}_1(k_1\neq 0)$；

$\lambda_2=1$，其对应的所有特征向量为 $k_2\boldsymbol{\alpha}_2(k_2\neq 0)$.

由于 $R(\boldsymbol{A})=2$，$|\boldsymbol{A}|=0$，有 $\lambda_1\lambda_2\lambda_3=0$，故 $\lambda_3=0$.

假设 $\boldsymbol{\alpha}_3=(x_1,x_2,x_3)^{\mathrm{T}}$.

由于 $\boldsymbol{\alpha}_1\perp\boldsymbol{\alpha}_3$，$\boldsymbol{\alpha}_2\perp\boldsymbol{\alpha}_3$，$\boldsymbol{\alpha}_1\boldsymbol{\alpha}_3^{\mathrm{T}}=0$，$\boldsymbol{\alpha}_2\boldsymbol{\alpha}_3^{\mathrm{T}}=0$.

$$\begin{cases}x_1-x_3=0,\\x_1+x_3=0,\end{cases}\quad 解得\ \boldsymbol{\alpha}_3=\begin{pmatrix}0\\1\\0\end{pmatrix},$$

故 $\lambda_3=0$，其对应的所有特征向量为 $k_3\boldsymbol{\alpha}_3(k_3\neq 0)$.

(2) ① 施密特正交化.

1° 正交化(省略).

2° 单位化.

$$\boldsymbol{\beta}_1=\frac{\boldsymbol{\alpha}_1}{\|\boldsymbol{\alpha}_1\|}=\frac{1}{\sqrt{2}}\begin{pmatrix}1\\0\\-1\end{pmatrix},\quad \boldsymbol{\beta}_2=\frac{\boldsymbol{\alpha}_2}{\|\boldsymbol{\alpha}_2\|}=\frac{1}{\sqrt{2}}\begin{pmatrix}1\\0\\1\end{pmatrix},\quad \boldsymbol{\beta}_3=\frac{\boldsymbol{\alpha}_3}{\|\boldsymbol{\alpha}_3\|}=\begin{pmatrix}0\\1\\0\end{pmatrix}.$$

② 拼接.

$$\boldsymbol{P}=(\boldsymbol{\beta}_1,\boldsymbol{\beta}_2,\boldsymbol{\beta}_3),\quad \boldsymbol{\Lambda}=\begin{pmatrix}-1&&\\&1&\\&&0\end{pmatrix}.$$

③ 有 $\boldsymbol{P}^{-1}\boldsymbol{A}\boldsymbol{P}=\boldsymbol{P}^{\mathrm{T}}\boldsymbol{A}\boldsymbol{P}=\boldsymbol{\Lambda}$.

$$\boldsymbol{A}=\boldsymbol{P}\boldsymbol{\Lambda}\boldsymbol{P}^{-1}=\boldsymbol{P}\boldsymbol{\Lambda}\boldsymbol{P}^{\mathrm{T}}=\begin{pmatrix}\frac{\sqrt{2}}{2}&\frac{\sqrt{2}}{2}&0\\0&0&1\\-\frac{\sqrt{2}}{2}&\frac{\sqrt{2}}{2}&0\end{pmatrix}\begin{pmatrix}-1&&\\&1&\\&&0\end{pmatrix}\begin{pmatrix}\frac{\sqrt{2}}{2}&0&-\frac{\sqrt{2}}{2}\\\frac{\sqrt{2}}{2}&0&\frac{\sqrt{2}}{2}\\0&1&0\end{pmatrix}$$

$$=\begin{pmatrix}-\frac{\sqrt{2}}{2} & \frac{\sqrt{2}}{2} & 0\\ 0 & 0 & 0\\ \frac{\sqrt{2}}{2} & \frac{\sqrt{2}}{2} & 0\end{pmatrix}\begin{pmatrix}\frac{\sqrt{2}}{2} & 0 & -\frac{\sqrt{2}}{2}\\ \frac{\sqrt{2}}{2} & 0 & \frac{\sqrt{2}}{2}\\ 0 & 1 & 0\end{pmatrix}=\begin{pmatrix}0 & 0 & 1\\ 0 & 0 & 0\\ 1 & 0 & 0\end{pmatrix}.$$

例 6-15　设 3 阶实对称矩阵 $\boldsymbol{A}$ 的各行元素之和均为 3,向量 $\boldsymbol{\alpha}_1=(-1,\ 2,\ -1)^{\mathrm{T}}$, $\boldsymbol{\alpha}_2=(0,\ -1,\ 1)^{\mathrm{T}}$ 是线性方程组 $\boldsymbol{Ax}=\boldsymbol{0}$ 的两个解.

(1) 求 $\boldsymbol{A}$ 的特征值与特征向量;

(2) 求正交矩阵 $\boldsymbol{Q}$ 和对角矩阵 $\boldsymbol{\Lambda}$,使得 $\boldsymbol{Q}^{\mathrm{T}}\boldsymbol{AQ}=\boldsymbol{\Lambda}$.

分析　口诀:"1+1","对对,特施拼","施正单".

解　(1) 由于 $\boldsymbol{A}$ 的各行元素之和均为 3,

$$\boldsymbol{A}\begin{pmatrix}1\\1\\1\end{pmatrix}=\begin{pmatrix}3\\3\\3\end{pmatrix}=3\begin{pmatrix}1\\1\\1\end{pmatrix}.$$

3 是 $\boldsymbol{A}$ 的一个特征值,向量 $\boldsymbol{\alpha}_3=\begin{pmatrix}1\\1\\1\end{pmatrix}$ 是对应于特征值 3 的一个特征向量.

又因 $\boldsymbol{A\alpha}_1=\boldsymbol{0}$, $\boldsymbol{A\alpha}_2=\boldsymbol{0}$, $\boldsymbol{A\alpha}_1=\boldsymbol{0\alpha}_1$, $\boldsymbol{A\alpha}_2=\boldsymbol{0\alpha}_2$.

0 也是 $\boldsymbol{A}$ 的一个特征值,$\boldsymbol{\alpha}_1$, $\boldsymbol{\alpha}_2$ 是对应于 $\boldsymbol{0}$ 的两个线性无关的特征向量.

0 是 $\boldsymbol{A}$ 的二重特征值,故 $\boldsymbol{A}$ 的特征值是 0, 0, 3,对应于特征值 0 的全体特征向量为 $k_1\boldsymbol{\alpha}_1+k_2\boldsymbol{\alpha}_2$($k_1$, k_2 为不全为零的任意常数),对应于特征值3的全体特征向量为 $k_3\boldsymbol{\alpha}_3$(k_3 为非零的任意常数).

(2) ① 施密特正交化.

正交化. 令

$$\boldsymbol{\xi}_1=\boldsymbol{\alpha}_1=(-1,\ 2,\ -1)^{\mathrm{T}},$$

$$\boldsymbol{\xi}_2=\boldsymbol{\alpha}_2-\frac{(\boldsymbol{\alpha}_2,\ \boldsymbol{\xi}_1)}{(\boldsymbol{\xi}_1,\ \boldsymbol{\xi}_1)}\boldsymbol{\xi}_1=\boldsymbol{\alpha}_2+\frac{1}{2}\boldsymbol{\xi}_1=\frac{1}{2}(-1,\ 0,\ 1)^{\mathrm{T}}.$$

单位化.

$$\boldsymbol{\beta}_1=\frac{\boldsymbol{\xi}_1}{\|\boldsymbol{\xi}_1\|}=\frac{1}{\sqrt{6}}(-1,\ 2,\ -1)^{\mathrm{T}},\quad \boldsymbol{\beta}_2=\frac{\boldsymbol{\xi}_2}{\|\boldsymbol{\xi}_2\|}=\frac{1}{\sqrt{2}}(-1,\ 0,\ 1)^{\mathrm{T}},$$

$$\boldsymbol{\beta}_3=\frac{\boldsymbol{\alpha}_3}{\|\boldsymbol{\alpha}_3\|}=\frac{1}{\sqrt{3}}(1,\ 1,\ 1)^{\mathrm{T}}.$$

② 拼接.

$$Q=(\boldsymbol{\beta}_1,\boldsymbol{\beta}_2,\boldsymbol{\beta}_3)=\begin{pmatrix}-\frac{1}{\sqrt{6}} & -\frac{1}{\sqrt{2}} & \frac{1}{\sqrt{3}}\\ \frac{2}{\sqrt{6}} & 0 & \frac{1}{\sqrt{3}}\\ -\frac{1}{\sqrt{6}} & \frac{1}{\sqrt{2}} & \frac{1}{\sqrt{3}}\end{pmatrix},\quad \boldsymbol{\Lambda}=\begin{pmatrix}0 & & \\ & 0 & \\ & & 3\end{pmatrix}.$$

③ 有 $Q^{-1}AQ=Q^{\mathrm{T}}AQ=\boldsymbol{\Lambda}$.

例 6-16 (2016 年)设矩阵

$$\boldsymbol{A}=\begin{pmatrix}0 & -1 & 1\\ 2 & -3 & 0\\ 0 & 0 & 0\end{pmatrix},$$

求 $\boldsymbol{A}^{99}$.

分析 口诀:"秘归对外","逆天 $\boldsymbol{A}$".

解 (1) 求特征值.

$$|\lambda \boldsymbol{E}-\boldsymbol{A}|=\begin{vmatrix}\lambda & 1 & -1\\ -2 & \lambda+3 & 0\\ 0 & 0 & \lambda\end{vmatrix}=\lambda(\lambda+1)(\lambda+2)=0,$$

故 $\lambda_1=-1,\lambda_2=-2,\lambda_3=0$.

(2) 求特征向量.

$$\boldsymbol{\xi}_1=\begin{pmatrix}1\\1\\0\end{pmatrix},\quad \boldsymbol{\xi}_2=\begin{pmatrix}1\\2\\0\end{pmatrix},\quad \boldsymbol{\xi}_3=\begin{pmatrix}3\\2\\2\end{pmatrix}.$$

(3) 拼接.

$$\boldsymbol{P}=(\boldsymbol{\xi}_1,\boldsymbol{\xi}_2,\boldsymbol{\xi}_3)=\begin{pmatrix}1 & 1 & 3\\ 1 & 2 & 2\\ 0 & 0 & 2\end{pmatrix},\quad \boldsymbol{\Lambda}=\begin{pmatrix}-1 & & \\ & -2 & \\ & & 0\end{pmatrix}.$$

(4) 有 $\boldsymbol{P}^{-1}\boldsymbol{A}\boldsymbol{P}=\boldsymbol{\Lambda}$.

(5) $\boldsymbol{P}^{-1}=\begin{pmatrix}2 & -1 & -2\\ -1 & 1 & \frac{1}{2}\\ 0 & 0 & \frac{1}{2}\end{pmatrix}$.

$$A^{99}=P\Lambda^{99}P^{-1}=\begin{pmatrix}1&1&3\\1&2&2\\0&0&2\end{pmatrix}\begin{pmatrix}-1&&\\&-2^{99}&\\&&0\end{pmatrix}\begin{pmatrix}2&-1&-2\\-1&1&\frac{1}{2}\\0&0&\frac{1}{2}\end{pmatrix}$$

$$=\begin{pmatrix}-2+2^{99}&1-2^{99}&2-2^{98}\\-2+2^{100}&1-2^{100}&2-2^{99}\\0&0&0\end{pmatrix}.$$

课堂练习

【练习 6-15】（2020 年）设 $\boldsymbol{A}$ 为 3 阶矩阵，$\boldsymbol{\alpha}_1$，$\boldsymbol{\alpha}_2$ 为矩阵 $\boldsymbol{A}$ 的属于特征值 1 的两个线性无关的特征向量，$\boldsymbol{\alpha}_3$ 为矩阵 $\boldsymbol{A}$ 的属于特征值 -1 的特征向量，则使得

$$P^{-1}AP=\begin{pmatrix}1&0&0\\0&-1&0\\0&0&1\end{pmatrix}$$

的可逆矩阵 $\boldsymbol{P}$ 为（　　）.

A. $(\boldsymbol{\alpha}_1+\boldsymbol{\alpha}_3,\ \boldsymbol{\alpha}_2,\ -\boldsymbol{\alpha}_3)$　　B. $(\boldsymbol{\alpha}_1+\boldsymbol{\alpha}_2,\ \boldsymbol{\alpha}_2,\ -\boldsymbol{\alpha}_3)$

C. $(\boldsymbol{\alpha}_1+\boldsymbol{\alpha}_3,\ -\boldsymbol{\alpha}_3,\ \boldsymbol{\alpha}_2)$　　D. $(\boldsymbol{\alpha}_1+\boldsymbol{\alpha}_2,\ -\boldsymbol{\alpha}_3,\ \boldsymbol{\alpha}_2)$

【练习 6-16】（2015 年）设矩阵

$$A=\begin{pmatrix}0&2&-3\\-1&3&-3\\1&-2&4\end{pmatrix},$$

求可逆矩阵 $\boldsymbol{P}$，使 $\boldsymbol{P}^{-1}\boldsymbol{A}\boldsymbol{P}$ 为对角矩阵.

【练习 6-17】　设矩阵

$$A=\begin{pmatrix}2&-1\\-1&2\end{pmatrix},$$

求 $\boldsymbol{A}^n$.

【练习 6-18】　设 3 阶实对称矩阵 $\boldsymbol{A}$ 的特征值为 $\lambda_1=-1$，$\lambda_2=\lambda_3=1$，对应于 λ_1 的特征向量为

$$\boldsymbol{\xi}_1=\begin{pmatrix}0\\1\\1\end{pmatrix},$$

求 $\boldsymbol{A}$.

【练习 6-19】　设 3 阶实对称矩阵 $\boldsymbol{A}$ 的特征值 $\lambda_1=1$，$\lambda_2=2$，$\lambda_3=-2$，且 $\boldsymbol{\alpha}_1=(1,\ -1,\ 1)^{\mathrm{T}}$ 是 $\boldsymbol{A}$ 的属于 λ_1 的一个特征向量，记 $\boldsymbol{B}=\boldsymbol{A}^5-4\boldsymbol{A}^3+\boldsymbol{E}$，其中，$\boldsymbol{E}$ 为 3 阶单位矩阵.

(1) 验证 $\boldsymbol{\alpha}_1$ 是矩阵 $\boldsymbol{B}$ 的特征向量，并求 $\boldsymbol{B}$ 的全部特征值与特征向量；

(2) 求矩阵 $\boldsymbol{B}$.

【练习 6-20】 设 3 阶实对称矩阵 $\boldsymbol{A}$ 的特征值是 1，2，3，矩阵 $\boldsymbol{A}$ 的属于特征值 1，2 的特征向量分别是 $\boldsymbol{\alpha}_1=(-1,-1,1)^{\mathrm{T}}$，$\boldsymbol{\alpha}_2=(1,-2,-1)^{\mathrm{T}}$.

(1) 求矩阵 $\boldsymbol{A}$ 的属于特征值 3 的特征向量；

(2) 求矩阵 $\boldsymbol{A}$.

【练习 6-21】 设矩阵

$$\boldsymbol{A}=\begin{pmatrix}1&1&a\\1&a&1\\a&1&1\end{pmatrix},\quad \boldsymbol{\beta}=\begin{pmatrix}1\\1\\-2\end{pmatrix}.$$

已知线性方程组 $\boldsymbol{AX}=\boldsymbol{\beta}$ 有解但不唯一，试求：

(1) a 的值；

(2) 正交矩阵 $\boldsymbol{Q}$，使 $\boldsymbol{Q}^{\mathrm{T}}\boldsymbol{AQ}$ 为对角矩阵.

【练习 6-22】 设 3 阶矩阵 $\boldsymbol{A}$ 满足 $\boldsymbol{A\alpha}_i=i\boldsymbol{\alpha}_i(i=1,2,3)$，其中，列向量 $\boldsymbol{\alpha}_i=(1,2,2)^{\mathrm{T}}$，$\boldsymbol{\alpha}_2=(2,-2,1)^{\mathrm{T}}$，$\boldsymbol{\alpha}_3=(-2,-1,2)^{\mathrm{T}}$，试求矩阵 $\boldsymbol{A}$.

【练习 6-23】 设矩阵

$$\boldsymbol{A}=\begin{bmatrix}0&1&0&0\\1&0&0&0\\0&0&y&1\\0&0&1&2\end{bmatrix}.$$

(1) 已知 $\boldsymbol{A}$ 的一个特征值为 3，试求 y；

(2) 求矩阵 $\boldsymbol{P}$，使 $(\boldsymbol{AP})^{\mathrm{T}}(\boldsymbol{AP})$ 为对角矩阵.

【练习 6-24】 (2010 年)设矩阵

$$\boldsymbol{A}=\begin{pmatrix}0&-1&4\\-1&3&a\\4&a&0\end{pmatrix},$$

正交矩阵 $\boldsymbol{Q}$ 使得 $\boldsymbol{Q}^{\mathrm{T}}\boldsymbol{AQ}$ 为对角矩阵，若 $\boldsymbol{Q}$ 的第一列为 $\frac{1}{\sqrt{6}}\begin{pmatrix}1\\2\\1\end{pmatrix}$，求 a，$\boldsymbol{Q}$.

【练习 6-25】 设 n 阶矩阵

$$\boldsymbol{A}=\begin{bmatrix}1&b&\cdots&b\\b&1&\cdots&b\\\vdots&\vdots&&\vdots\\b&b&\cdots&1\end{bmatrix}.$$

(1) 求 $\boldsymbol{A}$ 的特征值和特征向量；

(2) 求可逆矩阵 $\boldsymbol{P}$，使得 $\boldsymbol{P}^{-1}\boldsymbol{AP}$ 为对角矩阵.

§6.4 传国玉玺(相似)

知识梳理

1. 可对角化的条件(以 3 阶矩阵为例)

定理 3 阶矩阵 $\boldsymbol{A}$ 可对角化的基本条件:$\boldsymbol{A}$ 有 3 个线性无关的特征向量.

推论

(1) 如果矩阵 $\boldsymbol{A}$ 为对称矩阵,那么,矩阵 $\boldsymbol{A}$ 可以对角化;

(2) 如果矩阵 $\boldsymbol{A}$ 有 3 个不同的特征值,即 3 个特征值均为单根,那么,矩阵 $\boldsymbol{A}$ 可以对角化;

(3) 如果矩阵 $\boldsymbol{A}$ 的 3 个特征值,其中有 2 个是相等的(即存在一个二重根),且这个二重根对应 2 个线性无关的特征向量,即对应的 $R(\lambda\boldsymbol{E}-\boldsymbol{A})=1$,那么,矩阵 $\boldsymbol{A}$ 可以对角化;

(4) 如果矩阵 $\boldsymbol{A}$ 的 3 个特征值都相等(即存在一个三重根),且这个三重根对应 3 个线性无关的特征向量,即对应的 $R(\lambda\boldsymbol{E}-\boldsymbol{A})=0$,那么,矩阵 $\boldsymbol{A}$ 可以对角化.

简称:“可对单重”或者“可对单双”.

视频 6-6 “可对单双”

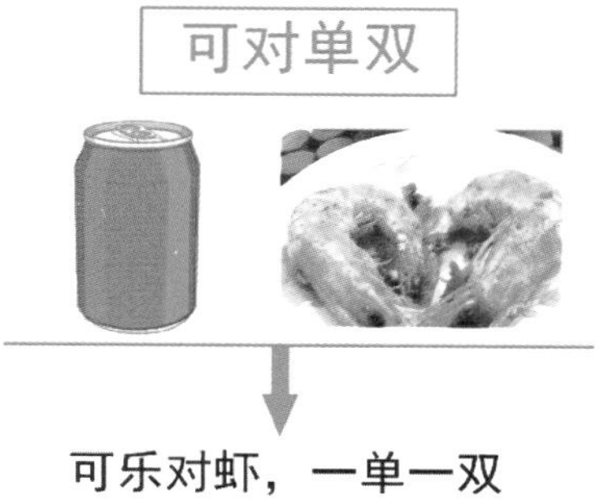

图 6-6 “可对单双”

2. 相似的定义

定义 1 设 $\boldsymbol{A}$, $\boldsymbol{B}$ 都是 n 阶矩阵,若存在矩阵 $\boldsymbol{P}$,使得 $\boldsymbol{P}^{-1}\boldsymbol{AP}=\boldsymbol{B}$,则称 $\boldsymbol{A}$ 与 $\boldsymbol{B}$ 相似,记作 $\boldsymbol{A}\sim\boldsymbol{B}$.

定义 2 设 $\boldsymbol{A}$, $\boldsymbol{B}$ 都是 n 阶矩阵,若存在可逆矩阵 $\boldsymbol{P}$,使得 $\boldsymbol{AP}=\boldsymbol{PB}$,则称 $\boldsymbol{A}$ 与 $\boldsymbol{B}$ 相似,记作 $\boldsymbol{A}\sim\boldsymbol{B}$.

“金相似” $\boldsymbol{A}\sim\boldsymbol{A}$,称为“金相似”.

“石相似” $\boldsymbol{A}\sim\boldsymbol{B}$,称为“石相似”.

可对角化 如果矩阵 $\boldsymbol{A}$ 相似于某对角矩阵,则称矩阵 $\boldsymbol{A}$ 可对角化.

3. 特征值的口算

(1) 对角矩阵主对角线上的数值就是它的特征值. 例如,对角矩阵

$$\begin{pmatrix} 1 & & \\ & 4 & \\ & & 5 \end{pmatrix}$$

的特征值为 1，4，5.

（2）三角形矩阵主对角线上的数值就是它的特征值. 例如，三角形矩阵

$$\begin{pmatrix} 1 & 3 & 2 \\ & -2 & -1 \\ & & 4 \end{pmatrix}$$

的特征值为 1，-2，4.

4. 相似的性质

（1）相似的基本性质.

① 反身性：$\boldsymbol{A} \sim \boldsymbol{A}$；

② 传递性：如果 $\boldsymbol{A} \sim \boldsymbol{B}$，$\boldsymbol{B} \sim \boldsymbol{C}$，那么，$\boldsymbol{A} \sim \boldsymbol{C}$.

（2）“石相似”的性质.

如果 $\boldsymbol{A} \sim \boldsymbol{B}$，那么，

① $\boldsymbol{A}$，$\boldsymbol{B}$ 的特征值相同；

② $R(\boldsymbol{A}) = R(\boldsymbol{B})$.

口诀：“相似⇒特秩相同”.

（3）“金相似”的性质.

如果 $\boldsymbol{A} \sim \boldsymbol{\Lambda}$，那么，

① $\boldsymbol{A}$，$\boldsymbol{\Lambda}$ 的特征值相同；

② $R(\boldsymbol{A}) = R(\boldsymbol{\Lambda})$.

口诀：“相似⇒特秩相同”.

优点 1：$\boldsymbol{A}$，$\boldsymbol{\Lambda}$ 的特征值不但相同，而且特征值可以直接看出来.

优点 2：$\boldsymbol{A}$，$\boldsymbol{\Lambda}$ 的秩不但相同，而且秩可以直接看出来.

5. 相似的判定

（1）“金相似”的判定.

如果 $\boldsymbol{A}$ 可对角化，且其特征值和 $\boldsymbol{\Lambda}$ 的特征值相同，那么，$\boldsymbol{A} \sim \boldsymbol{\Lambda}$.

口诀：“可同⇒金相似”.

视频 6－7 “可同金相似”

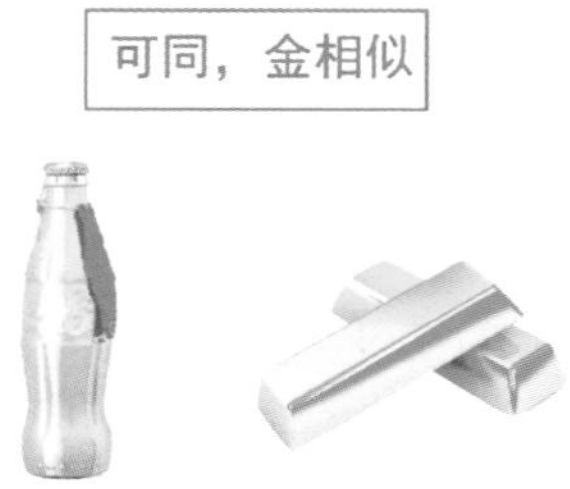

图 6－7 “可同金相似”

(2)“石相似”的判定.

由相似的传递性可知:如果 $\boldsymbol{A}\sim\boldsymbol{\Lambda}$ 且 $\boldsymbol{B}\sim\boldsymbol{\Lambda}$,那么,$\boldsymbol{A}\sim\boldsymbol{B}$.

口诀:“传⇒石相似”.

视频 6-8 “传石相似”

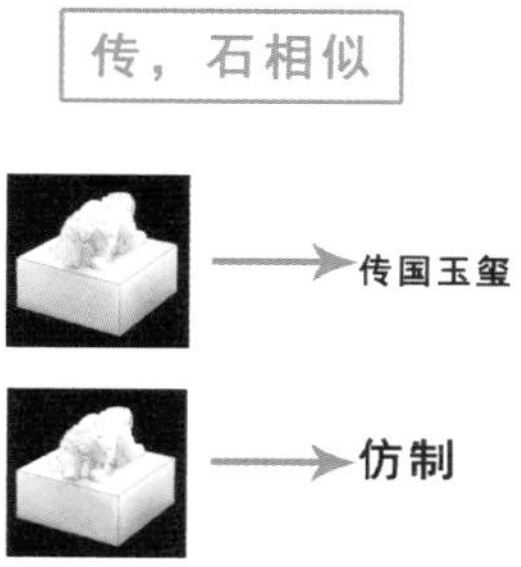

图 6-8 “传石相似”

6.4.1 相似的定义

例 6-17 (2016 年)设 $\boldsymbol{A}$, $\boldsymbol{B}$ 是可逆矩阵,且 $\boldsymbol{A}$ 与 $\boldsymbol{B}$ 相似,则下面结论错误的是(　　).

A. $\boldsymbol{A}^{\mathrm{T}}$ 与 $\boldsymbol{B}^{\mathrm{T}}$ 相似　　B. $\boldsymbol{A}^{-1}$ 与 $\boldsymbol{B}^{-1}$ 相似

C. $\boldsymbol{A}+\boldsymbol{A}^{\mathrm{T}}$ 与 $\boldsymbol{B}+\boldsymbol{B}^{\mathrm{T}}$ 相似　　D. $\boldsymbol{A}+\boldsymbol{A}^{-1}$ 与 $\boldsymbol{B}+\boldsymbol{B}^{-1}$ 相似

解 这是一道典型的题目:知道一对相似去判断另外一对相似,用相似的定义去判断比较方便.

由于 $\boldsymbol{A}\sim\boldsymbol{B}$,故 $\boldsymbol{P}^{-1}\boldsymbol{AP}=\boldsymbol{B}$.

① $\boldsymbol{B}^{\mathrm{T}}=(\boldsymbol{P}^{-1}\boldsymbol{AP})^{\mathrm{T}}=\boldsymbol{P}^{\mathrm{T}}\boldsymbol{A}^{\mathrm{T}}(\boldsymbol{P}^{-1})^{\mathrm{T}}$, $\boldsymbol{P}^{\mathrm{T}}(\boldsymbol{P}^{-1})^{\mathrm{T}}=(\boldsymbol{P}^{-1}\boldsymbol{P})^{\mathrm{T}}=\boldsymbol{E}^{\mathrm{T}}=\boldsymbol{E}$,故 A 选项正确.

② $\boldsymbol{B}^{-1}=(\boldsymbol{P}^{-1}\boldsymbol{AP})^{-1}=\boldsymbol{P}^{-1}\boldsymbol{A}^{-1}\boldsymbol{P}$, $\boldsymbol{P}^{-1}\boldsymbol{P}=\boldsymbol{E}$,故 B 选项正确.

③ $\boldsymbol{B}+\boldsymbol{B}^{\mathrm{T}}=\boldsymbol{P}^{-1}\boldsymbol{AP}+\boldsymbol{P}^{\mathrm{T}}\boldsymbol{A}^{\mathrm{T}}(\boldsymbol{P}^{-1})^{\mathrm{T}}$,故 C 选项错误.

④ $\boldsymbol{B}+\boldsymbol{B}^{-1}=\boldsymbol{P}^{-1}\boldsymbol{AP}+\boldsymbol{P}^{-1}\boldsymbol{A}^{-1}\boldsymbol{P}=\boldsymbol{P}^{-1}(\boldsymbol{A}+\boldsymbol{A}^{-1})\boldsymbol{P}$, $\boldsymbol{P}^{-1}\boldsymbol{P}=\boldsymbol{E}$,故 D 选项正确.

综上所述,正确答案选 C.

6.4.2 相似的性质

例 6-18 (2015 年)设矩阵

$$\boldsymbol{A}=\begin{pmatrix}0&2&-3\\-1&3&-3\\1&-2&a\end{pmatrix}\text{相似于矩阵}\boldsymbol{B}=\begin{pmatrix}1&-2&0\\0&b&0\\0&3&1\end{pmatrix},$$

求 a, b 的值.

分析 口诀:“相似⇒特秩相同”.

解 由于 $\boldsymbol{A}\sim\boldsymbol{B}$, $\boldsymbol{A}$ 和 $\boldsymbol{B}$ 的特征值相同. 于是,

$$\begin{cases}3+a=2+b,\\ |\boldsymbol{A}|=|\boldsymbol{B}|,\end{cases}$$

解得

$$b=a+1. \qquad ①$$

$$|\boldsymbol{A}|=\begin{vmatrix}0&2&-3\\0&1&-3+a\\1&-2&a\end{vmatrix}=1\times(-1)^{3+1}\begin{vmatrix}2&-3\\1&-3+a\end{vmatrix}=2(-3+a)+3=-3+2a,$$

$$|\boldsymbol{B}|=1\times(-1)^{1+1}\begin{vmatrix}b&0\\3&1\end{vmatrix}=b,$$

则

$$-3+2a=b. \qquad ②$$

将①式代入②式，得 $-3+2a=a+1$，有 $a=4,\ b=5$.

例 6-19 (2018 年)设 $\boldsymbol{A}$ 为 3 阶矩阵，$\boldsymbol{\alpha}_1,\ \boldsymbol{\alpha}_2,\ \boldsymbol{\alpha}_3$ 为线性无关的向量组，若 $\boldsymbol{A\alpha}_1=\boldsymbol{\alpha}_1+\boldsymbol{\alpha}_2,\ \boldsymbol{A\alpha}_2=\boldsymbol{\alpha}_2+\boldsymbol{\alpha}_3,\ \boldsymbol{A\alpha}_3=\boldsymbol{\alpha}_1+\boldsymbol{\alpha}_3$，则 $|\boldsymbol{A}|=$________.

解 口诀："相似⇒特秩相同".

$$\boldsymbol{A\alpha}_1=(\boldsymbol{\alpha}_1,\boldsymbol{\alpha}_2,\boldsymbol{\alpha}_3)\begin{pmatrix}1\\1\\0\end{pmatrix},\quad \boldsymbol{A\alpha}_2=(\boldsymbol{\alpha}_1,\boldsymbol{\alpha}_2,\boldsymbol{\alpha}_3)\begin{pmatrix}0\\1\\1\end{pmatrix},\quad \boldsymbol{A\alpha}_3=(\boldsymbol{\alpha}_1,\boldsymbol{\alpha}_2,\boldsymbol{\alpha}_3)\begin{pmatrix}1\\0\\1\end{pmatrix},$$

$$\boldsymbol{A}(\boldsymbol{\alpha}_1,\boldsymbol{\alpha}_2,\boldsymbol{\alpha}_3)=(\boldsymbol{A\alpha}_1,\boldsymbol{A\alpha}_2,\boldsymbol{A\alpha}_3)=(\boldsymbol{\alpha}_1,\boldsymbol{\alpha}_2,\boldsymbol{\alpha}_3)\begin{pmatrix}1&0&1\\1&1&0\\0&1&1\end{pmatrix}.$$

令 $\boldsymbol{P}=(\boldsymbol{\alpha}_1,\boldsymbol{\alpha}_2,\boldsymbol{\alpha}_3),\ \boldsymbol{B}=\begin{pmatrix}1&0&1\\1&1&0\\0&1&1\end{pmatrix}$，则 $\boldsymbol{AP}=\boldsymbol{PB}$.

由于 $\boldsymbol{\alpha}_1,\ \boldsymbol{\alpha}_2,\ \boldsymbol{\alpha}_3$ 线性无关，$|\boldsymbol{P}|\neq 0$，$\boldsymbol{P}$ 可逆，故 $\boldsymbol{A}\sim\boldsymbol{B}$，$\boldsymbol{A}$ 和 $\boldsymbol{B}$ 的特征值相同.

$$|\boldsymbol{A}|=|\boldsymbol{B}|=\begin{vmatrix}1&0&1\\1&1&0\\0&1&1\end{vmatrix}=\begin{vmatrix}1&0&1\\0&1&-1\\0&1&1\end{vmatrix}=\begin{vmatrix}1&-1\\1&1\end{vmatrix}=1-(-1)=2.$$

总结 关于向量的乘积问题是重要考点，必须要熟练掌握.

例 6-20 (2017 年)设 3 阶矩阵 $\boldsymbol{A}=(\boldsymbol{\alpha}_1,\boldsymbol{\alpha}_2,\boldsymbol{\alpha}_3)$ 有 3 个不同的特征值，且 $\boldsymbol{\alpha}_3=\boldsymbol{\alpha}_1+2\boldsymbol{\alpha}_2$，证明：$R(\boldsymbol{A})=2$.

证明 (1) 令 $\boldsymbol{A}$ 的特征值为 $\lambda_1,\ \lambda_2,\ \lambda_3$.

由于 $\lambda_1\neq\lambda_2\neq\lambda_3$，$\boldsymbol{A}$ 可对角化，$\boldsymbol{A}\sim\boldsymbol{\Lambda}$.

故 $\boldsymbol{\Lambda}$ 的特征值也是 $\lambda_1,\ \lambda_2,\ \lambda_3$，$R(\boldsymbol{A})=R(\boldsymbol{\Lambda})$.

(2) 由于 $\boldsymbol{\alpha}_3=\boldsymbol{\alpha}_1+2\boldsymbol{\alpha}_2$，$|\boldsymbol{A}|=0$，$\lambda_1\lambda_2\lambda_3=0$.

令 $\lambda_1=0$,则 λ_2，λ_3 非零.

$$\boldsymbol{\Lambda}=\begin{pmatrix}0 & & \\ & \lambda_2 & \\ & & \lambda_3\end{pmatrix},$$

$R(\boldsymbol{\Lambda})=2$,故 $R(\boldsymbol{A})=2$.

例 6－21　已知 3 阶矩阵 $\boldsymbol{A}$ 与 3 维向量 $\boldsymbol{x}$,使得向量组 $\boldsymbol{x}$，$\boldsymbol{Ax}$，$\boldsymbol{A}^2\boldsymbol{x}$ 线性无关,且满足 $\boldsymbol{A}^3\boldsymbol{x}=3\boldsymbol{Ax}-2\boldsymbol{A}^2\boldsymbol{x}$.

(1) 记 $\boldsymbol{P}=(\boldsymbol{x},\boldsymbol{Ax},\boldsymbol{A}^2\boldsymbol{x})$,求 3 阶矩阵 $\boldsymbol{B}$,使 $\boldsymbol{A}=\boldsymbol{PBP}^{-1}$；

(2) 计算行列式 $|\boldsymbol{A}+\boldsymbol{E}|$.

分析　口诀:“相似⇒特秩相同”.

解　(1) $\boldsymbol{AP}=\boldsymbol{A}(\boldsymbol{x},\boldsymbol{Ax},\boldsymbol{A}^2\boldsymbol{x})=(\boldsymbol{Ax},\boldsymbol{A}^2\boldsymbol{x},\boldsymbol{A}^3\boldsymbol{x})=(\boldsymbol{Ax},\boldsymbol{A}^2\boldsymbol{x},3\boldsymbol{Ax}-2\boldsymbol{A}^2\boldsymbol{x})$

$$=(\boldsymbol{x},\boldsymbol{Ax},\boldsymbol{A}^2\boldsymbol{x})\begin{pmatrix}0 & 0 & 0\\ 1 & 0 & 3\\ 0 & 1 & -2\end{pmatrix}=\boldsymbol{PB},$$

故

$$\boldsymbol{B}=\begin{pmatrix}0 & 0 & 0\\ 1 & 0 & 3\\ 0 & 1 & -2\end{pmatrix}.$$

(2) 由(1)可知 $\boldsymbol{A}$ 与 $\boldsymbol{B}$ 相似,$\boldsymbol{A}$ 与 $\boldsymbol{B}$ 的特征值相同.

计算 $\boldsymbol{B}$ 的特征值如下:

$$|\lambda\boldsymbol{E}-\boldsymbol{B}|=\begin{vmatrix}\lambda & 0 & 0\\ -1 & \lambda & -3\\ 0 & -1 & \lambda+2\end{vmatrix}=\lambda\begin{vmatrix}\lambda & -3\\ -1 & \lambda+2\end{vmatrix}=\lambda[\lambda(\lambda+2)-3]$$

$$=\lambda(\lambda^2+2\lambda-3)=\lambda(\lambda-1)(\lambda+3)=0,$$

解得 $\lambda_1=0$，$\lambda_2=1$，$\lambda_3=-3$.

所以,$\boldsymbol{A}$ 的特征值也为 0，1，－3,$\boldsymbol{A}+\boldsymbol{E}$ 的特征值为 1，2，－2,

$$|\boldsymbol{A}+\boldsymbol{E}|=1\times2\times(-2)=-4.$$

6.4.3　相似的判定

例 6－22　(2013 年)矩阵

$$\begin{pmatrix}1 & a & 1\\ a & b & a\\ 1 & a & 1\end{pmatrix}\quad 与 \quad\begin{pmatrix}2 & 0 & 0\\ 0 & b & 0\\ 0 & 0 & 0\end{pmatrix}$$

相似的充分必要条件(　　).

A. $a=0$, $b=0$　　B. $a=0$, b 为任意常数

C. $a=2$, $b=0$　　D. $a=2$, b 为任意常数

解 口诀：可同 ⇒ 金相似；可对单双.

(1) 可对角化.

由于 $\boldsymbol{A}$ 为对称矩阵，$\boldsymbol{A}$ 可对角化.

(2) 特征值相同.

$$|\lambda \boldsymbol{E}-\boldsymbol{A}|=\begin{vmatrix}\lambda-1 & -a & -1\\ -a & \lambda-b & -a\\ -1 & -a & \lambda-1\end{vmatrix}=\begin{vmatrix}\lambda & -a & -1\\ 0 & \lambda-b & -a\\ -\lambda & -a & \lambda-1\end{vmatrix}=\begin{vmatrix}\lambda & -a & -1\\ 0 & \lambda-b & -a\\ 0 & -2a & \lambda-2\end{vmatrix} \quad ①$$

$$=\lambda\begin{vmatrix}\lambda-b & -a\\ -2a & \lambda-2\end{vmatrix}=\lambda[(\lambda-2)(\lambda-b)-2a^2]=0,$$

有 $\lambda_1=2$, $\lambda_2=b$, $\lambda_3=0$.

将 $\lambda_1=2$ 代入 ① 式得，$2\cdot(-2a^2)=0$，有 $a=0$.

将 $a=0$, $\lambda_2=b$ 代入 ① 式得，$b\cdot 0=0$，恒成立.

将 $\lambda_3=0$ 代入 ① 式得，$0=0$，恒成立.

所以，$a=0$, b 为任意常数，故选 B.

注意 做题步骤：①先写口诀；②判断矩阵是否为特殊矩阵.

例 6-23 (2017 年)设矩阵

$$\boldsymbol{A}=\begin{pmatrix}2 & 0 & 0\\ 0 & 2 & 1\\ 0 & 0 & 1\end{pmatrix},\quad \boldsymbol{B}=\begin{pmatrix}2 & 1 & 0\\ 0 & 2 & 0\\ 0 & 0 & 1\end{pmatrix},\quad \boldsymbol{C}=\begin{pmatrix}1 & 0 & 0\\ 0 & 2 & 0\\ 0 & 0 & 2\end{pmatrix},$$

则(　　).

A. $\boldsymbol{A}$ 与 $\boldsymbol{C}$ 相似，$\boldsymbol{B}$ 与 $\boldsymbol{C}$ 相似　　B. $\boldsymbol{A}$ 与 $\boldsymbol{C}$ 相似，$\boldsymbol{B}$ 与 $\boldsymbol{C}$ 不相似

C. $\boldsymbol{A}$ 与 $\boldsymbol{C}$ 不相似，$\boldsymbol{B}$ 与 $\boldsymbol{C}$ 相似　　D. $\boldsymbol{A}$ 与 $\boldsymbol{C}$ 不相似，$\boldsymbol{B}$ 与 $\boldsymbol{C}$ 不相似

解 口诀：“可同⇒金相似”，“可对单双”.

(1) 判断 $\boldsymbol{A}\sim\boldsymbol{C}$.

① 可对角化.

$$|\lambda \boldsymbol{E}-\boldsymbol{A}|=\begin{vmatrix}\lambda-2 & 0 & 0\\ 0 & \lambda-2 & -1\\ 0 & 0 & \lambda-1\end{vmatrix}=(\lambda-2)^2(\lambda-1)=0,$$

解得 $\lambda_1=\lambda_2=2$, $\lambda_3=1$.

当 $\lambda=2$ 时，$R(2\boldsymbol{E}-\boldsymbol{A})=1$，基础解系中解向量的个数为 $3-1=2$，$\boldsymbol{A}$ 可对角化.

② 特征值相同.

特征值均为 1, 2, 2，所以，特征值相同.

由①②得，$A\sim C$.

(2) 判断 $B\sim C$.

① 可对角化.

$$|\lambda E-B|=\begin{vmatrix}\lambda-2 & -1 & 0\\ 0 & \lambda-2 & 0\\ 0 & 0 & \lambda-1\end{vmatrix}=(\lambda-2)^2(\lambda-1)=0,$$

解得 $\lambda_1=\lambda_2=2,\ \lambda_3=1$.

当 $\lambda=2$ 时，$R(2E-B)=2$，基础解系中解向量的个数为 $3-2=1$，B 不能对角化，B 与 C 不相似.

综上所述，正确答案选 B.

例 6-24　(2014 年)证明 n 阶矩阵

$$\begin{pmatrix}1 & 1 & \cdots & 1\\ 1 & 1 & \cdots & 1\\ \vdots & \vdots & & \vdots\\ 1 & 1 & \cdots & 1\end{pmatrix}\quad 与 \quad\begin{pmatrix}0 & \cdots & 0 & 1\\ 0 & \cdots & 0 & 2\\ \vdots & & \vdots & \vdots\\ 0 & \cdots & 0 & n\end{pmatrix}$$

相似.

分析　① 口诀："传⇒石相似". 由相似的传递性可知：如果 $A\sim\Lambda$ 且 $B\sim\Lambda$，那么，$A\sim B$.

② 口诀："可同⇒金相似"，"可对单双".

证明　令

$$A=\begin{pmatrix}1 & 1 & \cdots & 1\\ 1 & 1 & \cdots & 1\\ \vdots & \vdots & & \vdots\\ 1 & 1 & \cdots & 1\end{pmatrix},\quad B=\begin{pmatrix}0 & \cdots & 0 & 1\\ 0 & \cdots & 0 & 2\\ \vdots & & \vdots & \vdots\\ 0 & \cdots & 0 & n\end{pmatrix}.$$

(1) 证 $A\sim\Lambda$.

由于 A 为对称矩阵，A 为对角化，有 $A\sim\Lambda$.

$$|\lambda E-A|=\begin{vmatrix}\lambda-1 & -1 & \cdots & -1\\ -1 & \lambda-1 & \cdots & -1\\ \vdots & \vdots & & \vdots\\ -1 & -1 & \cdots & \lambda-1\end{vmatrix}=\begin{vmatrix}\lambda-n & \lambda-n & \cdots & \lambda-n\\ -1 & \lambda-1 & \cdots & -1\\ \vdots & \vdots & & \vdots\\ -1 & -1 & \cdots & \lambda-1\end{vmatrix}$$

$$=(\lambda-n)\begin{vmatrix}1 & 1 & \cdots & 1\\ -1 & \lambda-1 & \cdots & -1\\ \vdots & \vdots & & \vdots\\ -1 & -1 & \cdots & \lambda-1\end{vmatrix}=(\lambda-n)\begin{vmatrix}1 & 1 & \cdots & 1\\ 0 & \lambda & \cdots & 0\\ \vdots & \vdots & & \vdots\\ 0 & 0 & \cdots & \lambda\end{vmatrix}=(\lambda-n)\lambda^{n-1},$$

解得 $\lambda_1=n,\ \lambda_2=\lambda_3=\cdots=\lambda_n=0$.

$$A \sim \Lambda = \begin{pmatrix} n & & & & \\ & 0 & & & \\ & & 0 & & \\ & & & \ddots & \\ & & & & 0 \end{pmatrix}.$$

(2) 证 $\boldsymbol{B} \sim \boldsymbol{\Lambda}$.

$$|\lambda \boldsymbol{E} - \boldsymbol{B}| = \begin{vmatrix} \lambda & 0 & \cdots & -1 \\ 0 & \lambda & \cdots & -2 \\ \vdots & \vdots & & \vdots \\ 0 & 0 & \cdots & \lambda - n \end{vmatrix} = \lambda^{n-1}(\lambda - n) = 0,$$

解得 $\lambda_1 = n$，$\lambda_2 = \lambda_3 = \cdots = \lambda_n = 0$.

当 $\lambda_2 = \lambda_3 = \cdots = \lambda_n = 0$ 时，$R(\lambda \boldsymbol{E} - \boldsymbol{B}) = r(-\boldsymbol{B}) = r(\boldsymbol{B}) = 1$，基础解析中解向量的个数为 $n-1$.

$\boldsymbol{B}$ 可对角化.

$$\boldsymbol{B} \sim \boldsymbol{\Lambda} = \begin{pmatrix} n & & & & \\ & 0 & & & \\ & & 0 & & \\ & & & \ddots & \\ & & & & 0 \end{pmatrix}.$$

(3) 综上所述，有 $\boldsymbol{A} \sim \boldsymbol{B}$.

注意 使用特征值的另外一个定义：$\boldsymbol{A\xi} = \lambda \boldsymbol{\xi}$，也可以求出特征值.

例 6-25 若矩阵

$$\boldsymbol{A} = \begin{pmatrix} 2 & 2 & 0 \\ 8 & 2 & a \\ 0 & 0 & 6 \end{pmatrix}$$

相似于对角矩阵 $\boldsymbol{\Lambda}$，试确定常数 a 的值；并求可逆矩阵 $\boldsymbol{P}$，使 $\boldsymbol{P}^{-1}\boldsymbol{AP} = \boldsymbol{\Lambda}$.

分析 口诀："可对单双"，"对，特拼".

解 (1) 求特征值.

$$|\lambda \boldsymbol{E} - \boldsymbol{A}| = \begin{vmatrix} \lambda - 2 & -2 & 0 \\ -8 & \lambda - 2 & -a \\ 0 & 0 & \lambda - 6 \end{vmatrix} = (\lambda - 6)[(\lambda - 2)^2 - 16] = (\lambda - 6)^2(\lambda + 2) = 0,$$

解得 $\lambda_1 = \lambda_2 = 6$，$\lambda_3 = -2$.

$\boldsymbol{A}$ 相似于对角矩阵 $\boldsymbol{\Lambda}$，即 $\boldsymbol{A}$ 可对角化.

特征值 6 对应 2 个线性无关的特征向量，即 $R(6\boldsymbol{E} - \boldsymbol{A}) = 1$.

$$6E-A=\begin{pmatrix}4&-2&0\\-8&4&-a\\0&0&0\end{pmatrix}\to\begin{pmatrix}2&-1&0\\0&0&a\\0&0&0\end{pmatrix},$$

故 $a=0$.

（2）① 求特征向量.

$$\boldsymbol{\xi}_1=\begin{pmatrix}0\\0\\1\end{pmatrix},\quad \boldsymbol{\xi}_2=\begin{pmatrix}1\\2\\0\end{pmatrix},\quad \boldsymbol{\xi}_3=\begin{pmatrix}1\\-2\\0\end{pmatrix}.$$

② 拼接.

$$\boldsymbol{P}=\begin{pmatrix}0&1&1\\0&2&-2\\1&0&0\end{pmatrix},\quad \boldsymbol{\Lambda}=\begin{pmatrix}6&&\\&6&\\&&-2\end{pmatrix}.$$

③ 有 $\boldsymbol{P}^{-1}\boldsymbol{A}\boldsymbol{P}=\boldsymbol{\Lambda}$.

6.4.4　特殊值法

例 6-26　（2012 年）设 $\boldsymbol{A}$ 为 3 阶矩阵，$\boldsymbol{P}$ 为 3 阶可逆矩阵，且

$$\boldsymbol{P}^{-1}\boldsymbol{A}\boldsymbol{P}=\begin{pmatrix}1&0&0\\0&1&0\\0&0&2\end{pmatrix}.$$

若 $\boldsymbol{P}=(\boldsymbol{\alpha}_1,\boldsymbol{\alpha}_2,\boldsymbol{\alpha}_3)$，$\boldsymbol{Q}=(\boldsymbol{\alpha}_1+\boldsymbol{\alpha}_2,\boldsymbol{\alpha}_2,\boldsymbol{\alpha}_3)$，则 $\boldsymbol{Q}^{-1}\boldsymbol{A}\boldsymbol{Q}=$（　　）.

A. $\begin{pmatrix}1&0&0\\0&2&0\\0&0&1\end{pmatrix}$　　B. $\begin{pmatrix}1&0&0\\0&1&0\\0&0&2\end{pmatrix}$　　C. $\begin{pmatrix}2&0&0\\0&1&0\\0&0&2\end{pmatrix}$　　D. $\begin{pmatrix}2&0&0\\0&2&0\\0&0&1\end{pmatrix}$

解　题目出现未知矩阵，可以使用特殊值法求逆矩阵；口诀：“逆天 $\boldsymbol{A}$”.

假设

$$\boldsymbol{P}=\boldsymbol{E}=\begin{pmatrix}1&0&0\\0&1&0\\0&0&1\end{pmatrix},$$

则

$$\boldsymbol{Q}=\begin{pmatrix}1&0&0\\1&1&0\\0&0&1\end{pmatrix},\quad \boldsymbol{Q}^{-1}=\begin{pmatrix}1&0&0\\-1&1&0\\0&0&1\end{pmatrix},\quad \boldsymbol{A}=\begin{pmatrix}1&0&0\\0&1&0\\0&0&2\end{pmatrix},$$

$$\boldsymbol{Q}^{-1}\boldsymbol{A}\boldsymbol{Q}=\begin{pmatrix}1&0&0\\-1&1&0\\0&0&1\end{pmatrix}\begin{pmatrix}1&0&0\\0&1&0\\0&0&2\end{pmatrix}\begin{pmatrix}1&0&0\\1&1&0\\0&0&1\end{pmatrix}=\begin{pmatrix}1&0&0\\-1&1&0\\0&0&2\end{pmatrix}\begin{pmatrix}1&0&0\\1&1&0\\0&0&1\end{pmatrix}=\begin{pmatrix}1&0&0\\0&1&0\\0&0&2\end{pmatrix}.$$

故正确答案选 B.

例 6-27 (2009 年)设 $\boldsymbol{\alpha}$, $\boldsymbol{\beta}$ 为 3 维列向量,$\boldsymbol{\beta}^{\mathrm{T}}$ 为 $\boldsymbol{\beta}$ 的转置. 若矩阵 $\boldsymbol{\alpha\beta}^{\mathrm{T}}$ 相似于

$$\begin{pmatrix}2&0&0\\0&0&0\\0&0&0\end{pmatrix},$$

则 $\boldsymbol{\beta}^{\mathrm{T}}\boldsymbol{\alpha}=$________.

解 $\boldsymbol{\alpha}$, $\boldsymbol{\beta}$ 未知,可以使用特殊值法;相似的反身性:$\boldsymbol{A}\sim\boldsymbol{A}$.

假设

$$\boldsymbol{\alpha\beta}^{\mathrm{T}}=\begin{pmatrix}2&0&0\\0&0&0\\0&0&0\end{pmatrix}=\begin{pmatrix}1\\0\\0\end{pmatrix}(2\quad 0\quad 0),$$

故 $\boldsymbol{\beta}^{\mathrm{T}}\boldsymbol{\alpha}=2$.

注意 特殊值法普遍应用于选择题、填空题,一定要掌握.

课堂练习

【练习 6-26】 设 $\boldsymbol{A}$, $\boldsymbol{B}$ 为 n 阶矩阵,且 $\boldsymbol{A}$ 与 $\boldsymbol{B}$ 相似, $\boldsymbol{E}$ 为 n 阶单位矩阵,则( ).

A. $\lambda\boldsymbol{E}-\boldsymbol{A}=\lambda\boldsymbol{E}-\boldsymbol{B}$

B. $\boldsymbol{A}$ 与 $\boldsymbol{B}$ 有相同的特征值和特征向量

C. $\boldsymbol{A}$ 与 $\boldsymbol{B}$ 都相似于一个对角矩阵

D. 对任意常数 t, $t\boldsymbol{E}-\boldsymbol{A}$ 与 $t\boldsymbol{E}-\boldsymbol{B}$ 相似

【练习 6-27】 n 阶方阵 $\boldsymbol{A}$ 具有 n 个不同的特征值是 $\boldsymbol{A}$ 与对角阵相似的( ).

A. 充分必要条件

B. 充分而非必要条件

C. 必要而非充分条件

D. 既非充分也非必要条件

【练习 6-28】 (2009 年)设 $\boldsymbol{A}$, $\boldsymbol{P}$ 均为 3 阶矩阵,$\boldsymbol{P}^{\mathrm{T}}$ 为 $\boldsymbol{P}$ 的转置矩阵,且

$$\boldsymbol{P}^{\mathrm{T}}\boldsymbol{AP}=\begin{pmatrix}1&0&0\\0&1&0\\0&0&2\end{pmatrix},$$

若 $\boldsymbol{P}=(\boldsymbol{\alpha}_1, \boldsymbol{\alpha}_2, \boldsymbol{\alpha}_3)$, $\boldsymbol{Q}=(\boldsymbol{\alpha}_1+\boldsymbol{\alpha}_2, \boldsymbol{\alpha}_2, \boldsymbol{\alpha}_3)$ 则 $\boldsymbol{Q}^{\mathrm{T}}\boldsymbol{AQ}$ 为( ).

A. $\begin{pmatrix}2&1&0\\1&1&0\\0&0&2\end{pmatrix}$ B. $\begin{pmatrix}1&1&0\\1&2&0\\0&0&2\end{pmatrix}$ C. $\begin{pmatrix}2&0&0\\0&1&0\\0&0&2\end{pmatrix}$ D. $\begin{pmatrix}1&0&0\\0&2&0\\0&0&2\end{pmatrix}$

【练习 6-29】 (2017 年)设 $\boldsymbol{A}$ 为 3 阶矩阵, $\boldsymbol{P}=(\boldsymbol{\alpha}_1, \boldsymbol{\alpha}_2, \boldsymbol{\alpha}_3)$ 为可逆矩阵,使得

$$\boldsymbol{P}^{-1}\boldsymbol{AP}=\begin{pmatrix}0&0&0\\0&1&0\\0&0&2\end{pmatrix},$$

则 $\boldsymbol{A}(\boldsymbol{\alpha}_1+\boldsymbol{\alpha}_2+\boldsymbol{\alpha}_3)=$( ).

A. $\boldsymbol{\alpha}_1+\boldsymbol{\alpha}_2$ B. $\boldsymbol{\alpha}_2+2\boldsymbol{\alpha}_3$ C. $\boldsymbol{\alpha}_2+\boldsymbol{\alpha}_3$ D. $\boldsymbol{\alpha}_1+2\boldsymbol{\alpha}_2$

【练习 6-30】 (2010 年)设 $\boldsymbol{A}$ 为 4 阶实对称矩阵,且 $\boldsymbol{A}^2+\boldsymbol{A}=\boldsymbol{0}$,若 $\boldsymbol{A}$ 的秩为 3,则 $\boldsymbol{A}$ 相似于(　　).

A. $\begin{pmatrix}1&&&\\&1&&\\&&1&\\&&&0\end{pmatrix}$　　B. $\begin{pmatrix}1&&&\\&1&&\\&&-1&\\&&&0\end{pmatrix}$

C. $\begin{pmatrix}1&&&\\&-1&&\\&&-1&\\&&&0\end{pmatrix}$　　D. $\begin{pmatrix}-1&&&\\&-1&&\\&&-1&\\&&&0\end{pmatrix}$

【练习 6-31】 (2018 年)设 $\boldsymbol{A}$ 为 3 阶矩阵,$\boldsymbol{\alpha}_1$, $\boldsymbol{\alpha}_2$, $\boldsymbol{\alpha}_3$ 是线性无关的向量组,若 $\boldsymbol{A\alpha}_1=2\boldsymbol{\alpha}_1+\boldsymbol{\alpha}_2+\boldsymbol{\alpha}_3$, $\boldsymbol{A\alpha}_2=\boldsymbol{\alpha}_2+2\boldsymbol{\alpha}_3$, $\boldsymbol{A\alpha}_3=-\boldsymbol{\alpha}_2+\boldsymbol{\alpha}_3$,则 $\boldsymbol{A}$ 的实特征值为 ________.

【练习 6-32】 设 $\boldsymbol{A}$ 为 3 阶实对称矩阵,且满足条件 $\boldsymbol{A}^2+2\boldsymbol{A}=\boldsymbol{0}$,已知 $\boldsymbol{A}$ 的秩 $R(\boldsymbol{A})=2$,求 $\boldsymbol{A}$ 的全部特征值.

【练习 6-33】 设矩阵 $\boldsymbol{A}$ 与 $\boldsymbol{B}$ 相似,其中,

$$\boldsymbol{A}=\begin{pmatrix}-2&0&0\\2&x&2\\3&1&1\end{pmatrix},\quad \boldsymbol{B}=\begin{pmatrix}-1&0&0\\0&2&0\\0&0&y\end{pmatrix}.$$

(1) 求 x 和 y 的值;

(2) 求可逆矩阵 $\boldsymbol{P}$,使得 $\boldsymbol{P}^{-1}\boldsymbol{AP}=\boldsymbol{B}$.

【练习 6-34】 若矩阵

$$\boldsymbol{A}=\begin{pmatrix}1&2&-3\\-1&4&-3\\1&a&5\end{pmatrix}$$

的特征方程有一个二重根,求 a 的值,并讨论 $\boldsymbol{A}$ 是否可相似对角化.

【练习 6-35】 已知

$$\boldsymbol{\xi}=\begin{pmatrix}1\\1\\-1\end{pmatrix}\text{是矩阵 }\boldsymbol{A}=\begin{pmatrix}2&-1&2\\5&a&3\\-1&b&-2\end{pmatrix}$$

的一个特征向量.

(1) 试确定参数 a, b 及特征向量 $\boldsymbol{\xi}$ 所对应的特征值;

(2) 问 $\boldsymbol{A}$ 能否相似于对角阵? 并说明理由.

【练习 6-36】 (2019 年)已知矩阵

$$\boldsymbol{A}=\begin{pmatrix}-2&-2&1\\2&x&-2\\0&0&-2\end{pmatrix}\quad\text{与}\quad \boldsymbol{B}=\begin{pmatrix}2&1&0\\0&-1&0\\0&0&y\end{pmatrix}$$

相似.

(1) 求 x，y；

(2) 求可逆矩阵 $\boldsymbol{P}$，使得 $\boldsymbol{P}^{-1}\boldsymbol{A}\boldsymbol{P}=\boldsymbol{B}$.

【练习 6－37】 (2020 年)设 $\boldsymbol{A}$ 为 2 阶矩阵，$\boldsymbol{P}=(\boldsymbol{\alpha},\ \boldsymbol{A}\boldsymbol{\alpha})$，其中，$\boldsymbol{\alpha}$ 是非零向量，且不是 $\boldsymbol{A}$ 的特征向量.

(1) 证明 $\boldsymbol{P}$ 可逆；

(2) 若 $\boldsymbol{A}^2\boldsymbol{\alpha}+\boldsymbol{A}\boldsymbol{\alpha}-6\boldsymbol{\alpha}=\boldsymbol{0}$，求$\boldsymbol{P}^{-1}\boldsymbol{A}\boldsymbol{P}$，并判断 $\boldsymbol{A}$ 是否相似于对角阵.

§6.5 伟大复兴(二次型)

知识梳理

1. 二次型的定义

二次型 以 3 个变量为例，每一项都是二次项的多项式，称为二次型.

例如，

$$f=2x_1^2-x_2^2+3x_3^2+x_1x_2-2x_1x_3+4x_2x_3.$$

标准形 只含平方项的二次型，称为标准形.

例如，

$$f=2y_1^2+3y_2^2-y_3^2.$$

规范形 若标准形的系数为正，则改写为 1；若标准形的系数为负，则改写为－1；若标准形的系数为 0，仍写为 0. 这样就得到规范形.

例如，上面的标准形所对应的规范形为

$$f=y_1^2+y_2^2-y_3^2.$$

2. 二次型的矩阵表达式

$$f=(x_1,\ x_2,\ x_3)\begin{pmatrix}a_{11} & a_{12} & a_{13}\\ a_{21} & a_{22} & a_{23}\\ a_{31} & a_{32} & a_{33}\end{pmatrix}\begin{pmatrix}x_1\\ x_2\\ x_3\end{pmatrix}.$$

令

$$\boldsymbol{A}=\begin{pmatrix}a_{11} & a_{12} & a_{13}\\ a_{21} & a_{22} & a_{23}\\ a_{31} & a_{32} & a_{33}\end{pmatrix},\ \boldsymbol{x}=\begin{pmatrix}x_1\\ x_2\\ x_3\end{pmatrix},$$

可以得到二次型的矩阵表达式：$f=\boldsymbol{x}^{\mathrm{T}}\boldsymbol{A}\boldsymbol{x}$，其中，$\boldsymbol{A}$ 为对称矩阵.

二次型 f 的秩 对称矩阵 $\boldsymbol{A}$ 的秩，就是二次型 f 的秩.

3. 把二次型化为标准形的一般步骤

(1) 从二次型 f 中提取一个对称矩阵 $\boldsymbol{A}$；

(2) 将 $\boldsymbol{A}$ 对角化；

(3) 写出标准形

$$f=\lambda_1 y_1^2+\lambda_2 y_2^2+\lambda_3 y_3^2.$$

简称："二提对标".

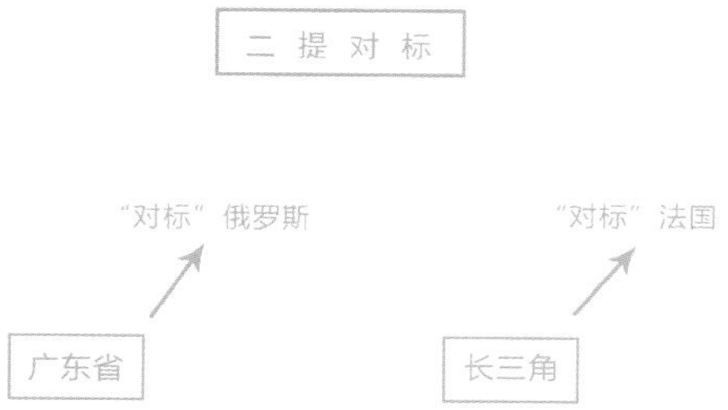

视频 6-9　"二提对标"

图 6-9　"二提对标"

说明 1：在标准形中，特征值的顺序不唯一.

说明 2：如果题目中没有提到"魔法矩阵"$\boldsymbol{P}$，那么，只需完成对角化的第 1 步"求特征值"即可.

说明 3："正交变换" $\boldsymbol{x}=\boldsymbol{P}\boldsymbol{y}$ 的含义为 $\boldsymbol{P}$ 为正交矩阵.

4. 惯性指数

正惯性指数　标准形中正系数的个数，称为二次型的正惯性指数.

负惯性指数　负系数的个数，称为负惯性指数.

5. 正定二次型

正定二次型　假设二次型 $f=\boldsymbol{x}^{\mathrm{T}}\boldsymbol{A}\boldsymbol{x}$，如果对任何 $\boldsymbol{x}\neq\boldsymbol{0}$，都有 $f>0$(显然 $f(0)=0$)，则称 f 为正定二次型.

正定矩阵　正定二次型所对应的对称矩阵 $\boldsymbol{A}$，叫做正定矩阵.

定理　一个二次型为正定二次型的充分必要条件：对称矩阵 $\boldsymbol{A}$ 的特征值全为正.

总结：惯性指数和正定二次型，都与特征值有关.

6.5.1　标准形与规范形

例 6-28　写出下列二次型的矩阵：

(1) $f=2x_1^2+3x_2^2+3x_3^2+4x_2x_3$；

(2) $f=x^2-3z^2-4xy+yz$.

解　(1)

$$\boldsymbol{A}=\begin{pmatrix}2&0&0\\0&3&2\\0&2&3\end{pmatrix}.$$

（2）

$$A=\begin{pmatrix}1 & -2 & 0\\ -2 & 0 & \frac{1}{2}\\ 0 & \frac{1}{2} & -3\end{pmatrix}.$$

例 6-29 （2011 年）若二次曲面的方程 $x^2+3y^2+z^2+2axy+2xz+2yz=4$，经过正交变换化为 $y_1^2+4z_1^2=4$，则 $a=$________.

解 线代中有个"规律"：求某个参数的值（如求 a 的值），当不会做时，直接令 $|A|=0$，就能求出答案，在绝大多数情况下这个"规律"都对.

二次型的矩阵为

$$A=\begin{pmatrix}1 & a & 1\\ a & 3 & 1\\ 1 & 1 & 1\end{pmatrix}.$$

标准型为 $f=0\cdot x_1^2+y_1^2+4z_1^2$，故 A 的特征值为 0，1，4，$|A|=0\times1\times4=0$.

$$|A|=\begin{vmatrix}0 & a-1 & 0\\ a-1 & 2 & 0\\ 1 & 1 & 1\end{vmatrix}=\begin{vmatrix}0 & a-1\\ a-1 & 2\end{vmatrix}=0-(a-1)^2=0,$$

解得 $a=1$.

例 6-30 （2017 年）设二次型 $f(x_1, x_2, x_3)=2x_1^2-x_2^2+ax_3^2+2x_1x_2-8x_1x_3+2x_2x_3$ 在正交变换 $X=QY$ 下的标准形为 $\lambda_1y_1^2+\lambda_2y_2^2$，求 a 的值及一个正交矩阵 Q.

分析 口诀："二提对标"，"对对，特施拼"，"施正单"，"正交逆置".

解 （1）① 提取矩阵 A.

$$A=\begin{pmatrix}2 & 1 & -4\\ 1 & -1 & 1\\ -4 & 1 & a\end{pmatrix}.$$

② 由于 A 的特征值为 λ_1，λ_2，0，$|A|=\lambda_1\cdot\lambda_2\cdot0=0$.

$$|A|=\begin{vmatrix}2 & 1 & -4\\ 1 & -1 & 1\\ -4 & 1 & a\end{vmatrix}=0\Rightarrow a=2.$$

（2）① 求特征值.

$$|\lambda E-A|=\begin{vmatrix}\lambda-2 & -1 & 4\\ -1 & \lambda+1 & -1\\ 4 & -1 & \lambda-2\end{vmatrix}=0,$$

解得 $\lambda_1=-3$，$\lambda_2=6$，$\lambda_3=0$.

② 求特征向量.

$$\boldsymbol{\xi}_1=\begin{pmatrix}1\\-1\\1\end{pmatrix},\quad \boldsymbol{\xi}_2=\begin{pmatrix}-1\\0\\1\end{pmatrix},\quad \boldsymbol{\xi}_3=\begin{pmatrix}1\\2\\1\end{pmatrix}.$$

③ 施密特正交化.

(ⅰ) 正交化(省略).

(ⅱ) 单位化.

$$\boldsymbol{\eta}_1=\frac{\boldsymbol{\xi}_1}{\|\boldsymbol{\xi}_1\|}=\frac{1}{\sqrt{3}}\begin{pmatrix}1\\-1\\1\end{pmatrix},\quad \boldsymbol{\eta}_2=\frac{\boldsymbol{\xi}_2}{\|\boldsymbol{\xi}_2\|}=\frac{1}{\sqrt{2}}\begin{pmatrix}-1\\0\\1\end{pmatrix},\quad \boldsymbol{\eta}_3=\frac{\boldsymbol{\xi}_3}{\|\boldsymbol{\xi}_3\|}=\frac{1}{\sqrt{6}}\begin{pmatrix}1\\2\\1\end{pmatrix}.$$

④ 拼接.

$$\boldsymbol{Q}=(\boldsymbol{\eta}_1,\boldsymbol{\eta}_2,\boldsymbol{\eta}_3)=\begin{pmatrix}\frac{1}{\sqrt{3}} & -\frac{1}{\sqrt{2}} & \frac{1}{\sqrt{6}}\\ -\frac{1}{\sqrt{3}} & 0 & \frac{2}{\sqrt{6}}\\ \frac{1}{\sqrt{3}} & \frac{1}{\sqrt{2}} & \frac{1}{\sqrt{6}}\end{pmatrix},\ \boldsymbol{\Lambda}=\begin{pmatrix}-3 & & \\ & 6 & \\ & & 0\end{pmatrix},$$

有 $\boldsymbol{Q}^{-1}\boldsymbol{A}\boldsymbol{Q}=\boldsymbol{Q}^{\mathrm{T}}\boldsymbol{A}\boldsymbol{Q}=\boldsymbol{\Lambda}$.

⑤ f 的标准形为 $-3y_1^2+6y_2^2$.

注意　虽然本题是一道大题，但是按照口诀一步步往下做即可，难度并不大.

例 6-31　(2012 年)已知矩阵

$$\boldsymbol{A}=\begin{pmatrix}1 & 0 & 1\\ 0 & 1 & 1\\ -1 & 0 & a\\ 0 & a & -1\end{pmatrix},$$

二次型 $f(x_1,x_2,x_3)=\boldsymbol{x}^{\mathrm{T}}(\boldsymbol{A}^{\mathrm{T}}\boldsymbol{A})\boldsymbol{x}$ 的秩为 2，求实数 a 的值.

分析　看到求参数 a 的值，马上要想到 $|\boldsymbol{A}|=0$；但要注意的是只有方阵才能求 $|\boldsymbol{A}|$.

解　由于 $R(\boldsymbol{A}^{\mathrm{T}}\boldsymbol{A})=2$，又因为 $R(\boldsymbol{A})=R(\boldsymbol{A}^{\mathrm{T}})=R(\boldsymbol{A}^{\mathrm{T}}\boldsymbol{A})$，$R(\boldsymbol{A})=2$.

$$\begin{vmatrix}1 & 0 & 1\\ 0 & 1 & 1\\ -1 & 0 & a\end{vmatrix}=0,$$

解得 $a=-1$.

注意　$R(\boldsymbol{A})=2$，所以，$\boldsymbol{A}$ 的 3 阶子式等于零.

例 6 - 32 （2013 年）设二次型 $f(x_1, x_2, x_3)=2(a_1x_1+a_2x_2+a_3x_3)^2+(b_1x_1+b_2x_2+b_3x_3)^2$，记

$$\boldsymbol{\alpha}=\begin{pmatrix}a_1\\a_2\\a_3\end{pmatrix},\quad \boldsymbol{\beta}=\begin{pmatrix}b_1\\b_2\\b_3\end{pmatrix}.$$

（1）证明二次型 f 对应的矩阵为 $2\boldsymbol{\alpha}\boldsymbol{\alpha}^{\mathrm{T}}+\boldsymbol{\beta}\boldsymbol{\beta}^{\mathrm{T}}$；

（2）若 $\boldsymbol{\alpha}, \boldsymbol{\beta}$ 正交且均为单位向量，证明 f 在正交变换下的标准形为 $2y_1^2+y_2^2$.

分析 （1）如果线代的证明题为计算类型的证明题，直接计算即可.

（2）口诀："二提对标".

（3）$f=\boldsymbol{x}^{\mathrm{T}}\boldsymbol{A}\boldsymbol{x}=\boldsymbol{x}^{\mathrm{T}}(2\boldsymbol{\alpha}\boldsymbol{\alpha}^{\mathrm{T}}+\boldsymbol{\beta}\boldsymbol{\beta}^{\mathrm{T}})\boldsymbol{x}=2(\boldsymbol{x}^{\mathrm{T}}\boldsymbol{\alpha})(\boldsymbol{\alpha}^{\mathrm{T}}\boldsymbol{x})+(\boldsymbol{x}^{\mathrm{T}}\boldsymbol{\beta})(\boldsymbol{\beta}^{\mathrm{T}}\boldsymbol{x})$.

证明 （1）

$$\begin{aligned}f&=2(a_1x_1+a_2x_2+a_3x_3)(a_1x_1+a_2x_2+a_3x_3)\\&\quad+(b_1x_1+b_2x_2+b_3x_3)(b_1x_1+b_2x_2+b_3x_3)\\&=2(\boldsymbol{x}^{\mathrm{T}}\boldsymbol{\alpha})(\boldsymbol{\alpha}^{\mathrm{T}}\boldsymbol{x})+(\boldsymbol{x}^{\mathrm{T}}\boldsymbol{\beta})(\boldsymbol{\beta}^{\mathrm{T}}\boldsymbol{x})=2\boldsymbol{x}^{\mathrm{T}}(\boldsymbol{\alpha}\cdot\boldsymbol{\alpha}^{\mathrm{T}})\boldsymbol{x}\\&\quad+\boldsymbol{x}^{\mathrm{T}}(\boldsymbol{\beta}\cdot\boldsymbol{\beta}^{\mathrm{T}})\boldsymbol{x}=\boldsymbol{x}^{\mathrm{T}}(2\boldsymbol{\alpha}\boldsymbol{\alpha}^{\mathrm{T}}+\boldsymbol{\beta}\boldsymbol{\beta}^{\mathrm{T}})\boldsymbol{x},\end{aligned}$$

故 f 对应的矩阵为 $2\boldsymbol{\alpha}\boldsymbol{\alpha}^{\mathrm{T}}+\boldsymbol{\beta}\boldsymbol{\beta}^{\mathrm{T}}$.

（2）由于 $\boldsymbol{\alpha}, \boldsymbol{\beta}$ 正交，$\boldsymbol{\alpha}^{\mathrm{T}}\boldsymbol{\beta}=\boldsymbol{\beta}^{\mathrm{T}}\boldsymbol{\alpha}=0$.

$\boldsymbol{\alpha}, \boldsymbol{\beta}$ 为单位向量，$\|\boldsymbol{\alpha}\|=\|\boldsymbol{\beta}\|=1$.

令 $\boldsymbol{A}=2\boldsymbol{\alpha}\boldsymbol{\alpha}^{\mathrm{T}}+\boldsymbol{\beta}\boldsymbol{\beta}^{\mathrm{T}}$.

$\boldsymbol{A}\boldsymbol{\alpha}=2\boldsymbol{\alpha}(\boldsymbol{\alpha}^{\mathrm{T}}\boldsymbol{\alpha})+\boldsymbol{\beta}(\boldsymbol{\beta}^{\mathrm{T}}\boldsymbol{\alpha})=2\boldsymbol{\alpha}\|\boldsymbol{\alpha}\|^2+\boldsymbol{\beta}\cdot 0=2\boldsymbol{\alpha}$，有 $\lambda_1=2$.

$\boldsymbol{A}\boldsymbol{\beta}=2\boldsymbol{\alpha}(\boldsymbol{\alpha}^{\mathrm{T}}\boldsymbol{\beta})+\boldsymbol{\beta}(\boldsymbol{\beta}^{\mathrm{T}}\boldsymbol{\beta})=2\boldsymbol{\alpha}\cdot 0+\boldsymbol{\beta}\cdot\|\boldsymbol{\beta}\|^2=1\cdot\boldsymbol{\beta}$，有 $\lambda_2=1$.

$R(\boldsymbol{A})=R(2\boldsymbol{\alpha}\boldsymbol{\alpha}^{\mathrm{T}}+\boldsymbol{\beta}\boldsymbol{\beta}^{\mathrm{T}})\leqslant R(2\boldsymbol{\alpha}\boldsymbol{\alpha}^{\mathrm{T}})+R(\boldsymbol{\beta}\boldsymbol{\beta}^{\mathrm{T}})=R(\boldsymbol{\alpha}\boldsymbol{\alpha}^{\mathrm{T}})+R(\boldsymbol{\beta}\boldsymbol{\beta}^{\mathrm{T}})=1+1=2$，有 $|\boldsymbol{A}|=0$，$\lambda_3=0$.

所以，f 在正交变换下的标准形为 $2y_1^2+y_2^2$.

注意 当参数过多、提取 $\boldsymbol{A}$ 比较困难时，要考虑矩阵表达式 $f=\boldsymbol{x}^{\mathrm{T}}\boldsymbol{A}\boldsymbol{x}$.

例 6 - 33 （2009 年）设二次型 $f(x_1, x_2, x_3)=ax_1^2+ax_2^2+(a-1)x_3^2+2x_1x_3-2x_2x_3$.

（1）求二次型 f 的矩阵的所有特征值；

（2）若二次型 f 的规范形为 $y_1^2+y_2^2$，求 a 的值.

分析 口诀："二提对标."

解 （1）① 提取矩阵 $\boldsymbol{A}$.

$$\boldsymbol{A}=\begin{pmatrix}a&0&1\\0&a&-1\\1&-1&a-1\end{pmatrix}.$$

② 求特征值.

$$|\lambda E-A|=\begin{vmatrix}\lambda-a & 0 & -1\\ 0 & \lambda-a & 1\\ -1 & 1 & \lambda-a+1\end{vmatrix}=\begin{vmatrix}0 & \lambda-a & (\lambda-a+1)(\lambda-a)-1\\ 0 & \lambda-a & 1\\ -1 & 1 & \lambda-a+1\end{vmatrix}$$

$$=(-1)\begin{vmatrix}\lambda-a & (\lambda-a+1)(\lambda-a)-1\\ \lambda-a & 1\end{vmatrix}$$

$$=(-1)(\lambda-a)\{1-[(\lambda-a+1)(\lambda-a)-1]\}$$

$$=(\lambda-a)[(\lambda-a+1)(\lambda-a)-2]=(\lambda-a)[(\lambda-a)^2+(\lambda-a)-2]$$

$$=(\lambda-a)(\lambda-a+2)(\lambda-a-1),$$

解得 $\lambda_1=a$, $\lambda_2=a-2$, $\lambda_3=a+1$.

(2) 由于 f 的规范形为 $y_1^2+y_2^2$, A 的 3 个特征值分别为正数、正数、零.

又因 $\lambda_2=a-2$ 在 3 个特征值中最小, $\lambda_2=0$, 有 $a-2=0$, 即 $a=2$.

6.5.2 惯性指数与正定

例 6-34 (2011 年)二次型 $f(x_1, x_2, x_3)=x_1^2+3x_2^2+x_3^2+2x_1x_2+2x_1x_3+2x_2x_3$, 则 f 的正惯性指数为 ________.

解 正惯性指数 ⇔ 标准型中正项的个数 ⇔ λ 中正数的个数.

二次型的矩阵为

$$A=\begin{pmatrix}1 & 1 & 1\\ 1 & 3 & 1\\ 1 & 1 & 1\end{pmatrix},$$

$$|\lambda E-A|=\begin{vmatrix}\lambda-1 & -1 & -1\\ -1 & \lambda-3 & -1\\ -1 & -1 & \lambda-1\end{vmatrix}=\begin{vmatrix}0 & -\lambda & (\lambda-1)^2-1\\ 0 & \lambda-2 & -\lambda\\ -1 & -1 & \lambda-1\end{vmatrix}$$

$$=(-1)\begin{vmatrix}-\lambda & (\lambda-1)^2-1\\ \lambda-2 & -\lambda\end{vmatrix}$$

$$=(-1)[\lambda^2-\lambda(\lambda-2)^2]=\lambda(\lambda-2)^2-\lambda^2=\lambda[(\lambda-2)^2-\lambda]$$

$$=\lambda(\lambda^2-4\lambda+4-\lambda)=\lambda(\lambda^2-5\lambda+4)=\lambda(\lambda-1)(\lambda-4),$$

解得 $\lambda_1=0$, $\lambda_2=1$, $\lambda_3=4$, 故 f 的正惯性指数为 2.

例 6-35 (2014 年)设二次型 $f(x_1, x_2, x_3)=x_1^2-x_2^2+2ax_1x_3+4x_2x_3$ 的负惯性指数为 1, 则 a 的取值范围为 ________.

解 口诀:"二提对标";正指数、负指数都和 λ 有关.

(1) 提取矩阵 A.

$$A=\begin{pmatrix}1 & 0 & a\\ 0 & -1 & 2\\ a & 2 & 0\end{pmatrix}.$$

(2) 设 $\boldsymbol{A}$ 的特征值为 $\lambda_1, \lambda_2, \lambda_3$,负惯性指数为 1,则 $\lambda_1 < 0, \lambda_2 \geqslant 0, \lambda_3 \geqslant 0$.

$$\lambda_1 + \lambda_2 + \lambda_3 = 1 + (-1) + 0 = 0,$$

$$\lambda_1\lambda_2\lambda_3 = |\boldsymbol{A}| = 1 \times \begin{vmatrix} -1 & 2 \\ 2 & 0 \end{vmatrix} + a \times \begin{vmatrix} 0 & a \\ -1 & 2 \end{vmatrix} = a^2 - 4.$$

① 当 $\lambda_1 < 0, \lambda_2 > 0, \lambda_3 > 0$ 时, $|\boldsymbol{A}| < 0$, $a^2 - 4 < 0$, $|a| < 2$,有 $-2 < a < 2$.

② 当 $\lambda_1 < 0, \lambda_2 = 0, \lambda_3 = 0$ 时,$\lambda_1 + \lambda_2 + \lambda_3 < 0$(舍去).

③ 当 $\lambda_1 < 0, \lambda_2 > 0, \lambda_3 = 0$ 时, $|\boldsymbol{A}| = 0$, $a^2 - 4 = 0$, $a = \pm 2$.

(3) 综上所述: $-2 \leqslant a \leqslant 2$.

例 6-36 (2010 年)设二次型 $f(x_1, x_2x_3) = \boldsymbol{x}^{\mathrm{T}}\boldsymbol{A}\boldsymbol{x}$ 在正交变换 $\boldsymbol{x} = \boldsymbol{Q}\boldsymbol{y}$ 下的标准形为 $y_1^2 + y_2^2$,且 $\boldsymbol{Q}$ 的第三列为 $\left(\frac{\sqrt{2}}{2}, 0, \frac{\sqrt{2}}{2}\right)^{\mathrm{T}}$.

(1) 求 $\boldsymbol{A}$.

(2) 证明: $\boldsymbol{A} + \boldsymbol{E}$ 为正定矩阵,其中,$\boldsymbol{E}$ 为 3 阶单位矩阵.

分析 口诀:"二提对标","对对,特施拼".

解 (1) ① 令 $\boldsymbol{\eta}_3 = \left(\frac{\sqrt{2}}{2}, 0, \frac{\sqrt{2}}{2}\right)^{\mathrm{T}}$.

假设 $\boldsymbol{x} = (x_1, x_2, x_3)^{\mathrm{T}}$ 与 $\boldsymbol{\eta}_3$ 正交,则 $\frac{\sqrt{2}}{2}x_1 + 0 \cdot x_2 + \frac{\sqrt{2}}{2}x_3 = 0$, $x_1 + x_3 = 0$.

解得

$$\boldsymbol{x} = k_1\begin{pmatrix} 0 \\ 1 \\ 0 \end{pmatrix} + k_2\begin{pmatrix} -1 \\ 0 \\ 1 \end{pmatrix},\text{其中}, k_1, k_2 \neq 0,$$

$$\boldsymbol{\xi}_1 = \begin{pmatrix} 0 \\ 1 \\ 0 \end{pmatrix}, \quad \boldsymbol{\xi}_2 = \begin{pmatrix} -1 \\ 0 \\ 1 \end{pmatrix}.$$

② 施密特正交化.

1° 正交化(省略).

2° 单位化.

$$\boldsymbol{\eta}_1 = \frac{\boldsymbol{\xi}_1}{\|\boldsymbol{\xi}_1\|} = \begin{pmatrix} 0 \\ 1 \\ 0 \end{pmatrix}, \quad \boldsymbol{\eta}_2 = \frac{\boldsymbol{\xi}_2}{\|\boldsymbol{\xi}_2\|} = \frac{1}{\sqrt{2}}\begin{pmatrix} -1 \\ 0 \\ 1 \end{pmatrix}, \quad \boldsymbol{\eta}_3 = \begin{pmatrix} \frac{\sqrt{2}}{2} \\ 0 \\ \frac{\sqrt{2}}{2} \end{pmatrix}.$$

③ 拼接.

$$Q=(\boldsymbol{\eta}_1,\boldsymbol{\eta}_2,\boldsymbol{\eta}_3)=\begin{pmatrix}0&-\frac{\sqrt{2}}{2}&\frac{\sqrt{2}}{2}\\1&0&0\\0&\frac{\sqrt{2}}{2}&\frac{\sqrt{2}}{2}\end{pmatrix},\quad \boldsymbol{\Lambda}=\begin{pmatrix}1&&\\&1&\\&&0\end{pmatrix},$$

有 $\boldsymbol{Q}^{-1}\boldsymbol{A}\boldsymbol{Q}=\boldsymbol{Q}^{\mathrm{T}}\boldsymbol{A}\boldsymbol{Q}=\boldsymbol{\Lambda}$.

$$\begin{aligned}\boldsymbol{A}&=\boldsymbol{Q}\boldsymbol{\Lambda}\boldsymbol{Q}^{-1}=\boldsymbol{Q}\boldsymbol{\Lambda}\boldsymbol{Q}^{\mathrm{T}}\\&=\begin{pmatrix}0&-\frac{\sqrt{2}}{2}&\frac{\sqrt{2}}{2}\\1&0&0\\0&\frac{\sqrt{2}}{2}&\frac{\sqrt{2}}{2}\end{pmatrix}\begin{pmatrix}1&&\\&1&\\&&0\end{pmatrix}\begin{pmatrix}0&1&0\\-\frac{\sqrt{2}}{2}&0&\frac{\sqrt{2}}{2}\\\frac{\sqrt{2}}{2}&0&\frac{\sqrt{2}}{2}\end{pmatrix}=\begin{pmatrix}\frac{1}{2}&0&-\frac{1}{2}\\0&1&0\\-\frac{1}{2}&0&\frac{1}{2}\end{pmatrix}.\end{aligned}$$

(2)

$$\boldsymbol{A}+\boldsymbol{E}=\begin{pmatrix}\frac{3}{2}&0&-\frac{1}{2}\\0&2&0\\-\frac{1}{2}&0&\frac{3}{2}\end{pmatrix}$$

是对称矩阵.令 $\boldsymbol{A}$ 的特征值为 λ,那么,$\boldsymbol{A}+\boldsymbol{E}$ 的特征值即为 $\lambda+1$.

由于 $\boldsymbol{A}$ 的特征值为 1, 1, 0, $\boldsymbol{A}+\boldsymbol{E}$ 的特征值为 2, 2, 1,均大于0,故 $\boldsymbol{A}+\boldsymbol{E}$ 为正定矩阵.

例 6-37 　设 $\boldsymbol{A}$ 为 $m\times n$ 实矩阵,$\boldsymbol{E}$ 为 n 阶单位矩阵,已知矩阵 $\boldsymbol{B}=\lambda\boldsymbol{E}+\boldsymbol{A}^{\mathrm{T}}\boldsymbol{A}$,试证:当 $\lambda>0$ 时,矩阵 $\boldsymbol{B}$ 为正定矩阵.

证 　$\boldsymbol{B}^{\mathrm{T}}=(\lambda\boldsymbol{E}+\boldsymbol{A}^{\mathrm{T}}\boldsymbol{A})^{\mathrm{T}}=\lambda\boldsymbol{E}+\boldsymbol{A}^{\mathrm{T}}\boldsymbol{A}=\boldsymbol{B}$,故 $\boldsymbol{B}$ 为对称矩阵,其对应的二次型

$$f=\boldsymbol{x}^{\mathrm{T}}\boldsymbol{B}\boldsymbol{x}=\boldsymbol{x}^{\mathrm{T}}(\lambda\boldsymbol{E}+\boldsymbol{A}^{\mathrm{T}}\boldsymbol{A})\boldsymbol{x}=\lambda\boldsymbol{x}^{\mathrm{T}}\boldsymbol{x}+\boldsymbol{x}^{\mathrm{T}}\boldsymbol{A}^{\mathrm{T}}\boldsymbol{A}\boldsymbol{x}=\lambda\boldsymbol{x}^{\mathrm{T}}\boldsymbol{x}+(\boldsymbol{A}\boldsymbol{x})^{\mathrm{T}}(\boldsymbol{A}\boldsymbol{x}).$$

当 $\boldsymbol{x}\neq\boldsymbol{0}$ 时,有 $\boldsymbol{x}^{\mathrm{T}}\boldsymbol{x}>0$, $(\boldsymbol{A}\boldsymbol{x})^{\mathrm{T}}(\boldsymbol{A}\boldsymbol{x})\geqslant 0$.

又因 $\lambda>0$, $\lambda\boldsymbol{x}^{\mathrm{T}}\boldsymbol{x}>0$,对任何 $\boldsymbol{x}\neq\boldsymbol{0}$,都有 $f>0$,故 f 为正定二次型.

所以,其对应的对称矩阵 $\boldsymbol{B}$ 为正定矩阵.

6.5.3　特殊值法

例 6-38 　(2011 年)设二次型 $f(x_1,x_2,x_3)=\boldsymbol{x}^{\mathrm{T}}\boldsymbol{A}\boldsymbol{x}$ 的秩为 1, $\boldsymbol{A}$ 的各行元素之和为 3,则 f 在正交变换 $\boldsymbol{x}=\boldsymbol{Q}\boldsymbol{y}$ 下的标准形为 ________.

解 　求标准型就是求 λ,但是 $\boldsymbol{A}$ 未知,所以,可以使用“特殊值法”.

令

$$A=\begin{pmatrix}1&1&1\\1&1&1\\1&1&1\end{pmatrix},$$

$$|\lambda E-A|=\begin{vmatrix}\lambda-1&-1&-1\\-1&\lambda-1&-1\\-1&-1&\lambda-1\end{vmatrix}=\begin{vmatrix}\lambda-3&\lambda-3&\lambda-3\\-1&\lambda-1&-1\\-1&-1&\lambda-1\end{vmatrix}$$

$$=(\lambda-3)\begin{vmatrix}1&1&1\\0&\lambda&0\\0&0&\lambda\end{vmatrix}=(\lambda-3)\lambda^2=0,$$

解得 $\lambda_1=3$，$\lambda_2=\lambda_3=0$，标准形为 $3y_1^2+0\cdot y_2^2+0\cdot y_3^2=3y_1^2$.

例 6-39 （2015 年）设二次型 $f(x_1,x_2,x_3)$ 在正交变换 $\boldsymbol{x}=\boldsymbol{Py}$ 下的标准形为 $2y_1^2+y_2^2-y_3^2$，其中，$\boldsymbol{P}=(e_1,e_2,e_3)$，若 $\boldsymbol{Q}=(e_1,-e_3,e_2)$，则 $f(x_1,x_2,x_3)$ 在正交变换 $\boldsymbol{x}=\boldsymbol{Qy}$ 下的标准形为（　　）.

A. $2y_1^2-y_2^2+y_3^2$　　B. $2y_1^2+y_2^2-y_3^2$

C. $2y_1^2-y_2^2-y_3^2$　　D. $2y_1^2+y_2^2+y_3^2$

解 （1）$\boldsymbol{x}=\boldsymbol{Py}$，

$$f=\boldsymbol{x}^{\mathrm{T}}\boldsymbol{Ax}=(\boldsymbol{Py})^{\mathrm{T}}\boldsymbol{A}(\boldsymbol{Py})=\boldsymbol{y}^{\mathrm{T}}(\boldsymbol{P}^{\mathrm{T}}\boldsymbol{AP})\boldsymbol{y},$$

$\boldsymbol{A}$ 与 $\boldsymbol{P}$ 均未知，可以用“特殊值法”求解.

假设 $\boldsymbol{P}=\boldsymbol{E}$，则

$$f=\boldsymbol{y}^{\mathrm{T}}(\boldsymbol{E}^{\mathrm{T}}\boldsymbol{AE})\boldsymbol{y}=\boldsymbol{y}^{\mathrm{T}}\boldsymbol{Ay}=2y_1^2+y_2^2-y_3^2,$$

$$\boldsymbol{A}=\begin{pmatrix}2&&\\&1&\\&&-1\end{pmatrix}.$$

（2）$\boldsymbol{x}=\boldsymbol{Qy}$，

$$f=\boldsymbol{x}^{\mathrm{T}}\boldsymbol{Ax}=(\boldsymbol{Qy})^{\mathrm{T}}\boldsymbol{A}(\boldsymbol{Qy})=\boldsymbol{y}^{\mathrm{T}}(\boldsymbol{Q}^{\mathrm{T}}\boldsymbol{AQ})\boldsymbol{y},$$

$$\boldsymbol{Q}=\begin{pmatrix}1&0&0\\0&0&1\\0&-1&0\end{pmatrix},\quad \boldsymbol{Q}^{\mathrm{T}}\boldsymbol{AQ}=\begin{pmatrix}1&0&0\\0&0&-1\\0&1&0\end{pmatrix}\begin{pmatrix}2&&\\&1&\\&&-1\end{pmatrix}\begin{pmatrix}1&0&0\\0&0&1\\0&-1&0\end{pmatrix}=\begin{pmatrix}2&&\\&-1&\\&&1\end{pmatrix},$$

$f=\boldsymbol{y}^{\mathrm{T}}(\boldsymbol{Q}^{\mathrm{T}}\boldsymbol{AQ})\boldsymbol{y}=2y_1^2-y_2^2+y_3^2$，故选 A.

课堂练习

【练习 6-38】 （2019 年）设 $\boldsymbol{A}$ 是 3 阶实对称矩阵，$\boldsymbol{E}$ 是 3 阶单位矩阵. 若 $\boldsymbol{A}^2+\boldsymbol{A}=2\boldsymbol{E}$，且 $|\boldsymbol{A}|=4$，则二次型 $\boldsymbol{x}^{\mathrm{T}}\boldsymbol{Ax}$ 的规范形为（　　）.

A. $y_1^2+y_2^2+y_3^2$　　B. $y_1^2+y_2^2-y_3^2$

C. $y_1^2-y_2^2-y_3^2$　　D. $-y_1^2-y_2^2-y_3^2$

【练习 6－39】 (2016 年)设二次型 $f(x_1, x_2, x_3)=a(x_1^2+x_2^2+x_3^2)+2x_1x_2+2x_2x_3+2x_1x_3$ 的正、负惯性指数分别为 1，2，则(　　).

A. $a>1$　　　　B. $a<-2$

C. $-2<a<1$　　　　D. $a=1$ 或 $a=-2$

【练习 6－40】 二次型 $f(x_1, x_2, x_3)=(x_1+x_2)^2+(x_2-x_3)^2+(x_3+x_1)^2$ 的秩为________.

【练习 6－41】 已知实二次型 $f(x_1, x_2, x_3)=a(x_1^2+x_2^2+x_3^2)+4x_1x_2+4x_1x_3+4x_2x_3$ 经正交变换 $\boldsymbol{x}=\boldsymbol{P}\boldsymbol{y}$ 可化为标准型 $f=6y_1^2$，则 $a=$________.

【练习 6－42】 写出下列二次型的矩阵：

(1) $f=x_1^2+x_3^2+2x_1x_2-2x_2x_3$；

(2) $f=x_1^2+x_2^2+x_3^2-2x_1x_2+6x_2x_3$；

(3) $f=x^2+4xy+4y^2+2xz+z^2+4yz$；

(4) $f=x^2+y^2-7z^2-2xy-4xz-4yz$.

【练习 6－43】 求一个正交变换，化二次型 $f=x_1^2+4x_2^2+4x_3^2-4x_1x_2+4x_1x_3-8x_2x_3$ 成标准形.

【练习 6－44】 (2012 年)已知矩阵

$$\boldsymbol{A}=\begin{pmatrix} 1 & 0 & 1 \\ 0 & 1 & 1 \\ -1 & 0 & a \\ 0 & a & -1 \end{pmatrix},$$

二次型 $f(x_1, x_2, x_3)=\boldsymbol{x}^{\mathrm{T}}(\boldsymbol{A}^{\mathrm{T}}\boldsymbol{A})\boldsymbol{x}$ 的秩 2.

(1) 求实数 a 的值；

(2) 求正交变换 $\boldsymbol{x}=\boldsymbol{Q}\boldsymbol{y}$ 将 f 化为标准形.

【练习 6－45】 (2020 年)二次型 $f(x_1, x_2)=x_1^2-4x_1x_2+4x_2^2$ 经过正交变换

$$\begin{pmatrix} x_1 \\ x_2 \end{pmatrix}=\boldsymbol{Q}\begin{pmatrix} y_1 \\ y_2 \end{pmatrix}$$

化为二次型 $g(y_1, y_2)=ay_1^2+4y_1y_2+by_2^2(a\geqslant b)$.

(1) 求 a，b；

(2) 求正交阵 $\boldsymbol{Q}$.

【练习 6－46】 已知二次型 $f(x_1, x_2, x_3)=2x_1^2+3x_2^2+3x_3^2+2ax_2x_3(a>0)$，通过正交变换化为标准形 $f=y_1^2+2y_2^2+5y_3^2$，求参数 a 及所用的正交变换矩阵.

【练习 6－47】 已知二次型 $f(x_1, x_2, x_3)=(1-a)x_1^2+(1-a)x_2^2+2x_3^2+2(1+a)x_1x_2$ 的秩为 2.

(1) 求 a 的值；

(2) 求正交变换 $\boldsymbol{x}=\boldsymbol{Q}\boldsymbol{y}$，把 $f(x_1, x_2, x_3)$ 化成标准形.

(3) 求方程 $f(x_1, x_2, x_3)=0$ 的解.

【练习 6－48】 设二次型 $f(x_1, x_2, x_3)=\boldsymbol{X}^{\mathrm{T}}\boldsymbol{A}\boldsymbol{X}=ax_1^2+2x_2^2-2x_3^2+2bx_1x_3(b>0)$，

其中，二次型的矩阵 $\boldsymbol{A}$ 的特征值之和为 1，特征值之积为 -12.

(1) 求 a, b 的值；

(2) 利用正交变换将二次型化为标准形，并写出所用的正交变换和对应的正交矩阵.

【练习 6-49】 设 $\boldsymbol{A}$ 是 n 阶正定阵，$\boldsymbol{E}$ 是 n 阶单位阵，证明：$\boldsymbol{A}+\boldsymbol{E}$ 的行列式大于 1.

【练习 6-50】 设矩阵

$$\boldsymbol{A}=\begin{pmatrix}1 & 0 & 1\\ 0 & 2 & 0\\ 1 & 0 & 1\end{pmatrix},$$

矩阵 $\boldsymbol{B}=(k\boldsymbol{E}+\boldsymbol{A})^2$，其中，$k$ 为实数，$\boldsymbol{E}$ 为单位矩阵. 求对角矩阵 $\boldsymbol{\Lambda}$ 使 $\boldsymbol{B}$ 与 $\boldsymbol{\Lambda}$ 相似，并求 k 为何值时，$\boldsymbol{B}$ 为正定矩阵？

【练习 6-51】 设有 n 元实二次型

$$\begin{aligned}f(x_1, x_2, \cdots, +x_n)=&(x_1+a_1x_2)^2+(x_2+a_2x_3)^2\\ &+\cdots+(x_{n-1}+a_{n-1}x_n)^2+(x_n+a_nx_1)^2,\end{aligned}$$

其中，$a_i(i=1, 2, \cdots, n)$ 为实数. 试问：当 $a_1, a_2, \cdots, a_n$ 满足何种条件时，二次型 $f(x_1, x_2, \cdots, x_n)$ 为正定二次型？

【练习 6-52】 设 $\boldsymbol{A}$ 为 3 阶实对称矩阵，且满足条件 $\boldsymbol{A}^2+2\boldsymbol{A}=\boldsymbol{O}$，已知 $\boldsymbol{A}$ 的秩 $R(\boldsymbol{A})=2$.

(1) 求 $\boldsymbol{A}$ 的全部特征值；

(2) 当 k 为何值时，矩阵 $\boldsymbol{A}+k\boldsymbol{E}$ 为正定矩阵？其中，$\boldsymbol{E}$ 为 3 阶单位矩阵.

§6.6 本章超纲内容汇总

1. 证明题

整道证明题中只有字母和文字，没有出现过 1 个具体的“数字”.

例如，(1987 年)设 $\boldsymbol{A}$ 为 n 阶矩阵，λ_1 和 λ_2 是 $\boldsymbol{A}$ 的两个不同的特征值，$\boldsymbol{x}_1$, $\boldsymbol{x}_2$ 是分别属于 λ_1 和 λ_2 的特征向量. 试证明：$\boldsymbol{x}_1+\boldsymbol{x}_2$ 不是 $\boldsymbol{A}$ 的特征向量.

再如，(1989 年)设 λ 为 n 阶可逆矩阵 $\boldsymbol{A}$ 的一个特征值. 证明：

(1) $\dfrac{1}{\lambda}$ 为 $\boldsymbol{A}^{-1}$ 的特征值；

(2) $\dfrac{|\boldsymbol{A}|}{\lambda}$ 为 $\boldsymbol{A}$ 的伴随矩阵 $\boldsymbol{A}^*$ 的特征值.

又如，(1999 年)设 $\boldsymbol{A}$ 为 m 阶实对称矩阵且正定，$\boldsymbol{B}$ 为 $m\times n$ 实矩阵，$\boldsymbol{B}^{\mathrm{T}}$ 为 $\boldsymbol{B}$ 的转置矩阵. 试证：$\boldsymbol{B}^{\mathrm{T}}\boldsymbol{A}\boldsymbol{B}$ 为正定矩阵的充分必要条件是 $\boldsymbol{B}$ 的秩 $R(\boldsymbol{B})=n$.

2. 分块矩阵

在简答题里出现分块矩阵.

例如，(1992 年)分块矩阵设 $\boldsymbol{A}$, $\boldsymbol{B}$ 分别为 m 阶、n 阶正定矩阵，试判定分块矩阵

$$C=\begin{pmatrix}A & O\\ O & B\end{pmatrix}$$

是否为正定矩阵.

3. 顺序主子式

例如,(1991 年)考虑二次型 $f=x_1^2+4x_2^2+4x_3^2+2\lambda x_1x_2-2x_1x_3+4x_2x_3$. 问 λ 取何值时,f 为正定二次型?

解　二次型 f 的矩阵为

$$A=\begin{pmatrix}1 & \lambda & -1\\ \lambda & 4 & 2\\ -1 & 2 & 4\end{pmatrix},$$

f 为正定二次型$\Leftrightarrow$$A$ 的各阶顺序主子式全为正,即 $D_1, D_2, D_3>0$.

……

再如,(1997 年)若二次型 $f(x_1, x_2, x_3)=2x_1^2+x_2^2+x_3^2+2x_1x_2+tx_2x_3$ 是正定的,则 t 的取值范围是 ________.

解　方法同上.

参考答案

第1章 单矩阵计算

1-1 D,提示:按第1列展开

1-2 0,提示:"我帮大家"

1-3 x^4,提示:"我帮大家"

1-4 -3,提示:"大家帮我"

1-5 a^4-4a^2,提示:"大家帮我"

1-6 0,提示:相邻两列"手拉手"

1-7 $(1+ab)(1+cd)+ad$

1-8 $\lambda^{10}-10^{10}$,提示:按第1列展开

1-9 $a^n+(-1)^{n+1}b^n$,提示:按第1列展开

1-10 $1-a+a^2-a^3+a^4-a^5$,提示:按第1行展开,结合数学归纳法

1-11 C,提示:假设 $\boldsymbol{A}=\begin{pmatrix}a & b\\ c & d\end{pmatrix}$,求$(\boldsymbol{A}^*)^*$,口诀:"2星换负"

1-12 C,提示:相乘为 $\boldsymbol{E}$

1-13 略

1-14 $\begin{pmatrix}1 & 0 & 0\\ -\frac{1}{2} & \frac{1}{2} & 0\\ 0 & 0 & 1\end{pmatrix}$

1-15 $\begin{pmatrix}0 & 0 & 0 & 1\\ 0 & 0 & 1 & 0\\ 0 & 1 & 0 & 0\\ 1 & 0 & 0 & 0\end{pmatrix}$

1-16 $\begin{bmatrix}\frac{1}{10} & 0 & 0\\ \frac{1}{5} & \frac{1}{5} & 0\\ \frac{3}{10} & \frac{2}{5} & \frac{1}{2}\end{bmatrix}$

1-17 D,提示:等价的含义是2个矩阵的秩相等

1-18 2

1-19 3

1-20 -3

1-21 $\lambda=5$, $\mu=1$

第2章 双矩阵计算

2-1 B,提示:假设 $\boldsymbol{A}=\begin{pmatrix}a & b\\ c & d\end{pmatrix}$,求 $\boldsymbol{A}^*$ 和$(k\boldsymbol{A})^*$,口诀:"2星换负"

2-2 1

2-3 $\boldsymbol{O}$,提示:易证 $\boldsymbol{A}^2=2\boldsymbol{A}$, $\boldsymbol{A}^2-2\boldsymbol{A}=\boldsymbol{O}$,故 $\boldsymbol{A}^n-2\boldsymbol{A}^{n-1}=\boldsymbol{A}^{n-2}(\boldsymbol{A}^2-2\boldsymbol{A})=\boldsymbol{O}$

2-4 D

2-5 B

2-6 C

2-7 D

2-8 B

2-9 (1) 略； (2) $\boldsymbol{E}_{ij}$（$\boldsymbol{E}_{ij}$ 是由 n 阶单位矩阵的第 i 行和第 j 行对换后得到的初等矩阵）

第3章 两步计算

3-1 C

3-2 A

3-3 C

3-4 C

3-5 C

3-6 C

3-7 $\frac{1}{9}$

3-8 2

3-9 $\begin{pmatrix} 5 & -2 & -1 \\ -2 & 2 & 0 \\ -1 & 0 & 1 \end{pmatrix}$

3-10 $-\frac{16}{27}$

3-11 0

3-12 $\begin{pmatrix} 0 & 2 & 1 \\ 0 & 0 & 0 \\ 0 & 0 & 0 \end{pmatrix}$

3-13 $\begin{pmatrix} 1 & 0 & 0 & 0 \\ -2 & 1 & 0 & 0 \\ 1 & -2 & 1 & 0 \\ 0 & 1 & -2 & 1 \end{pmatrix}$

3-14 $\frac{1}{4}\begin{pmatrix} 1 & 1 & 0 \\ 0 & 1 & 1 \\ 1 & 0 & 1 \end{pmatrix}$

3-15 $\begin{pmatrix} 1 & 2 & 5 \\ 0 & 1 & 2 \\ 0 & 0 & 1 \end{pmatrix}$

3-16 C

3-17 B

3-18 B

3-19 C

3-20 2

3-21 1

3-22 0

3-23 $\begin{pmatrix} 1 & -2 & 0 & 0 \\ -2 & 5 & 0 & 0 \\ 0 & 0 & \frac{1}{3} & \frac{2}{3} \\ 0 & 0 & -\frac{1}{3} & \frac{1}{3} \end{pmatrix}$

3-24 $\begin{pmatrix} 1 & 0 & 0 \\ -\frac{1}{2} & \frac{1}{2} & 0 \\ 0 & 0 & 1 \end{pmatrix}$

3-25 $\begin{pmatrix} 0 & 0 & 0 & 1 \\ 0 & 0 & 1 & 0 \\ 0 & 1 & 0 & 0 \\ 1 & 0 & 0 & 0 \end{pmatrix}$

3-26 $\begin{pmatrix} 0 & 0 & \cdots & 0 & \frac{1}{a_n} \\ \frac{1}{a_1} & 0 & \cdots & 0 & 0 \\ 0 & \frac{1}{a_2} & \cdots & 0 & 0 \\ \vdots & \vdots & & \vdots & \vdots \\ 0 & 0 & \cdots & \frac{1}{a_{n-1}} & 0 \end{pmatrix}$,

3-27 $(-1)^{mn}ab$

3-28 略

3-29 1

3-30 (1) $\boldsymbol{A}=\boldsymbol{PBP}^{-1}=\begin{pmatrix} 1 & 0 & 0 \\ 2 & 0 & 0 \\ 6 & -1 & -1 \end{pmatrix}$；

(2) $A^5 = \underbrace{(PBP^{-1})(PBP^{-1})\cdots(PBP^{-1})}_{5个} = PB(P^{-1}P)B(P^{-1}P)\cdots(P^{-1}P)BP^{-1} = PB^5P^{-1} = PBP^{-1} = A$

第4章　方程组

4-1　$\begin{pmatrix}x_1\\x_2\\x_3\end{pmatrix}=\begin{pmatrix}0\\4\\0\end{pmatrix}+k\begin{pmatrix}-3\\-1\\1\end{pmatrix}$，其中，$k$ 为任意常数

4-2　$\begin{pmatrix}x_1\\x_2\\x_3\end{pmatrix}=\begin{pmatrix}1\\-1\\0\end{pmatrix}+k\begin{pmatrix}-1\\2\\1\end{pmatrix}$，其中，$k$ 为任意常数

4-3　通解为 $\begin{pmatrix}x_1\\x_2\\x_3\\x_4\end{pmatrix}=k_1\begin{pmatrix}1\\-2\\1\\0\end{pmatrix}+k_2\begin{pmatrix}1\\-2\\0\\1\end{pmatrix}+\begin{pmatrix}-1\\1\\0\\0\end{pmatrix}$，其中，$k_1$，$k_2$ 为任意常数

4-4　$\begin{pmatrix}x_1\\x_2\\x_3\\x_4\end{pmatrix}=k\begin{pmatrix}-3\\0\\1\\1\end{pmatrix}+\begin{bmatrix}\dfrac{7a-10}{a-2}\\\dfrac{2-2a}{a-2}\\\dfrac{1}{a-2}\\0\end{bmatrix}$，其中，$k$ 为任意常数

4-5　$\boldsymbol{\xi}_1=(-1,0,-1,0,1)^{\mathrm T}$，$\boldsymbol{\xi}_2=(1,-1,0,0,0)^{\mathrm T}$

4-6　$\begin{pmatrix}x_1\\x_2\\x_3\\x_4\end{pmatrix}=\begin{pmatrix}3\\-8\\0\\6\end{pmatrix}+k\begin{pmatrix}-1\\2\\1\\0\end{pmatrix}$，其中，$k$ 为任意常数

4-7　$\begin{pmatrix}x_1\\x_2\\x_3\\x_4\end{pmatrix}=\begin{pmatrix}-8\\3\\0\\2\end{pmatrix}+k\begin{pmatrix}0\\-2\\1\\0\end{pmatrix}$，其中，$k$ 为任意常数

4-8　(1) $\boldsymbol{\xi}_1=\begin{pmatrix}1\\-2\\1\\0\\0\end{pmatrix}$，$\boldsymbol{\xi}_2=\begin{pmatrix}1\\-2\\0\\1\\0\end{pmatrix}$，$\boldsymbol{\xi}_3=\begin{pmatrix}5\\-6\\0\\0\\1\end{pmatrix}$；

(2) $\begin{pmatrix}x_1\\x_2\\x_3\\x_4\\x_5\end{pmatrix}=\begin{pmatrix}-2\\3\\0\\0\\0\end{pmatrix}+k_1\begin{pmatrix}1\\-2\\1\\0\\0\end{pmatrix}+k_2\begin{pmatrix}1\\-2\\0\\1\\0\end{pmatrix}+k_3\begin{pmatrix}5\\-6\\0\\0\\1\end{pmatrix}$，其中，$k_1$，$k_2$，$k_3$ 为任意常数

4-9　C

4-10　B

4 - 11　D

4 - 12　-2

4 - 13　-1

4 - 14　$a_1 + a_2 + a_3 + a_4 = 0$

4 - 15　-3

4 - 16　(1) 当 $\lambda \neq -2$ 且 $\lambda \neq 1$ 时,有唯一解；　(2) 当 $\lambda = -2$ 时,无解；　(3) 当 $\lambda = 1$ 时,有无穷多解,全部解为

$$x = \begin{pmatrix} -2 \\ 0 \\ 0 \end{pmatrix} + k_1 \begin{pmatrix} -1 \\ 1 \\ 0 \end{pmatrix} + k_2 \begin{pmatrix} -1 \\ 0 \\ 1 \end{pmatrix},$$

其中,k_1, k_2 是任意常数

4 - 17　(1) 当 $t \neq -2$ 时,方程组无解；　(2) 当 $t = -2$ 时,方程组有解,

若 $p = -8$,方程组的通解为

$$x = \begin{pmatrix} -1 \\ 1 \\ 0 \\ 0 \end{pmatrix} + k_1 \begin{pmatrix} 4 \\ -2 \\ 1 \\ 0 \end{pmatrix} + k_2 \begin{pmatrix} -1 \\ -2 \\ 0 \\ 1 \end{pmatrix},$$

其中,k_1, k_2 为任意常数；

若 $p \neq -8$,方程组的通解为

$$x = \begin{pmatrix} -1 \\ 1 \\ 0 \\ 0 \end{pmatrix} + k \begin{pmatrix} -1 \\ -2 \\ 0 \\ 1 \end{pmatrix},$$

其中,k 为任意常数

4 - 18　略;提示:本题等价于证明方程组有唯一解

第 5 章　向量

5 - 1　C,提示:行列式的性质

5 - 2　C

5 - 3　40,提示:行列式的性质

5 - 4　2

5 - 5　$3^{n-1}\begin{pmatrix} 1 & \frac{1}{2} & \frac{1}{3} \\ 2 & 1 & \frac{2}{3} \\ 3 & \frac{3}{2} & 1 \end{pmatrix}$

5 - 6　3

5 - 7　(1) $\lambda = 1$,提示:方程组有非零解 $\Rightarrow |\boldsymbol{A}| = 0$；　(2) 反证法,注意:$\boldsymbol{0} = (\boldsymbol{A}\boldsymbol{\beta}_1, \boldsymbol{A}\boldsymbol{\beta}_2, \boldsymbol{A}\boldsymbol{\beta}_3) = \boldsymbol{A}(\boldsymbol{\beta}_1, \boldsymbol{\beta}_2, \boldsymbol{\beta}_3) = \boldsymbol{AB}$,即 $\boldsymbol{AB} = \boldsymbol{0}$

5 - 8　$x = k\begin{pmatrix} 1 \\ 2 \\ 1 \end{pmatrix} + \begin{pmatrix} 0 \\ 0 \\ -\frac{1}{2} \end{pmatrix}$,其中,$k$ 为任意常数

5-9　略

5-10　(1) $b \neq 2$；　(2) 当 $b=2$，$a \neq 1$ 时，$\boldsymbol{\beta}=-\boldsymbol{\alpha}_1+2\boldsymbol{\alpha}_2$；当 $b=2$，$a=1$ 时，$\boldsymbol{\beta}=-(2k+1)\boldsymbol{\alpha}_1+(k+2)\boldsymbol{\alpha}_2+k\boldsymbol{\alpha}_3$

5-11　$a=15$，$b=5$　　5-12　$a=1$

5-13　(1) $a=-1$ 且 $b \neq 0$；　(2) 当 $a \neq -1$ 时，$\boldsymbol{\beta}=-\dfrac{2b}{a+1}\boldsymbol{\alpha}_1+\dfrac{a+b+1}{a+1}\boldsymbol{\alpha}_2+\dfrac{b}{a+1}\boldsymbol{\alpha}_3+0\cdot\boldsymbol{\alpha}_4$

5-14　(1) $a=0$；　(2) 当 $a \neq 0$ 且 $a \neq b$ 时，$\boldsymbol{\beta}=\left(1-\dfrac{1}{a}\right)\boldsymbol{\alpha}_1+\dfrac{1}{a}\boldsymbol{\alpha}_2$；　(3) $a=b \neq 0$，$\boldsymbol{\beta}=\left(1-\dfrac{1}{a}\right)\boldsymbol{\alpha}_1+\left(\dfrac{1}{a}+k\right)\boldsymbol{\alpha}_2+k\boldsymbol{\alpha}_3$，其中，$k$ 为任意常数

5-15　(1) $\lambda \neq 0$ 且 $\lambda \neq -3$；　(2) $\lambda=0$；　(3) $\lambda=-3$

5-16　C

5-17　C，提示：令 $\boldsymbol{\alpha}_1=\boldsymbol{e}_1$，$\boldsymbol{\alpha}_2=\boldsymbol{e}_2$，$\boldsymbol{\alpha}_3=\boldsymbol{e}_3$，求 $|\boldsymbol{A}|$

5-18　C，提示：令 $\boldsymbol{\alpha}_1=\boldsymbol{e}_1$，$\boldsymbol{\alpha}_2=\boldsymbol{e}_2$，$\boldsymbol{\alpha}_3=\boldsymbol{e}_3$，$\boldsymbol{\alpha}_4=\boldsymbol{e}_4$，求 $|\boldsymbol{A}|$

5-19　A，提示：令 $s=m=n=3$，对于 A 和 B 选项，令 $\boldsymbol{\alpha}_1=\boldsymbol{e}_1$，$\boldsymbol{\alpha}_2=\boldsymbol{e}_2$，$\boldsymbol{\alpha}_3=\boldsymbol{e}_2$；对于 C 和 D 选项，令 $\boldsymbol{\alpha}_1=\boldsymbol{e}_1$，$\boldsymbol{\alpha}_2=\boldsymbol{e}_2$，$\boldsymbol{\alpha}_3=\boldsymbol{e}_3$

5-20　A，提示：令 $\boldsymbol{A}=(1,\ 0)$，$\boldsymbol{B}=\begin{pmatrix}0\\1\end{pmatrix}$

5-21　A，提示：令 $\boldsymbol{\alpha}_1=\boldsymbol{e}_1$，$\boldsymbol{\alpha}_2=\boldsymbol{e}_2$，删掉 $\boldsymbol{\alpha}_3$ 并画图

5-22　-1，提示：$\boldsymbol{A\alpha}$ 与 $\boldsymbol{\alpha}$ 线性相关 $\Leftrightarrow \boldsymbol{A\alpha}=k\boldsymbol{\alpha}$

5-23　$\dfrac{1}{2}$，提示：$|\boldsymbol{A}|=0$　　5-24　D

5-25　A　　5-26　A

5-27　3　　5-28　2

5-29　$(1,\ 1,\ 1,\ 1)^{\mathrm{T}}+k(1,\ -2,\ 1,\ 0)^{\mathrm{T}}$，其中，$k$ 是任意常数

5-30　$\boldsymbol{A}$ 的列向量组线性无关；略

5-31　略

第 6 章　特征值类

6-1　B　　6-2　B

6-3　4　　6-4　$\left(\dfrac{|\boldsymbol{A}|}{\lambda}\right)^2+1$

6-5　4　　6-6　n，$0(n-1$ 重)

6-7　1

6-8　实特征值为 $\lambda=1$，特征向量为 $k(0,\ 2,\ 1)^{\mathrm{T}}$，$k \neq 0$

6-9　(1) 1，1，-5；　(2) 2，2，$\dfrac{4}{5}$

6-10　(1) $\boldsymbol{\beta}=2\boldsymbol{\xi}_1-2\boldsymbol{\xi}_2+\boldsymbol{\xi}_3$；　(2) $\boldsymbol{A}^n\boldsymbol{\beta}=\begin{pmatrix}2-2^{n+1}+3^n\\2-2^{n+2}+3^{n+1}\\2-2^{n+3}+3^{n+2}\end{pmatrix}$

6-11　$a=2$，$b=-3$，$c=2$，$\lambda_0=1$　　6-12　$k=1$ 或者 -2

6-13　$x+y=0$　　6-14　$\frac{4}{3}$

6-15　D

6-16　$\boldsymbol{P}=(\boldsymbol{\xi}_1,\boldsymbol{\xi}_2,\boldsymbol{\xi}_3)=\begin{pmatrix}2&-3&-1\\1&0&-1\\0&1&1\end{pmatrix}$，$\boldsymbol{\Lambda}=\begin{pmatrix}1&&\\&1&\\&&5\end{pmatrix}$，有 $\boldsymbol{P}^{-1}\boldsymbol{AP}=\boldsymbol{\Lambda}$

6-17　$\begin{pmatrix}1+3^n&1-3^n\\1-3^n&1+3^n\end{pmatrix}$　　6-18　$\boldsymbol{A}=\begin{pmatrix}1&0&0\\0&0&-1\\0&-1&0\end{pmatrix}$

6-19　(1) ① 略；② $\boldsymbol{B}$ 的特征值为 -2，1；$k_1\boldsymbol{\alpha}_1(k_1\neq0)$ 是对应于特征值 -2 的全部特征向量，$k_2\boldsymbol{\alpha}_2+k_3\boldsymbol{\alpha}_3(k_2,k_3$ 不全为零) 是对应于特征值 1 的全部特征向量；

(2) $\boldsymbol{B}=\begin{pmatrix}0&1&-1\\1&0&1\\-1&1&0\end{pmatrix}$

6-20　(1) $\boldsymbol{\alpha}_3=k(1,0,1)^{\mathrm{T}}(k\neq0)$；　(2) $\boldsymbol{A}=\frac{1}{6}\begin{pmatrix}13&-2&5\\-2&10&2\\5&2&13\end{pmatrix}$

6-21　(1) $a=-2$；　(2) $\boldsymbol{Q}=\begin{pmatrix}\frac{1}{\sqrt2}&\frac{1}{\sqrt6}&\frac{1}{\sqrt3}\\0&-\frac{2}{\sqrt6}&\frac{1}{\sqrt3}\\-\frac{1}{\sqrt2}&\frac{1}{\sqrt6}&\frac{1}{\sqrt3}\end{pmatrix}$

6-22　$\boldsymbol{A}=\begin{pmatrix}\frac{7}{3}&0&-\frac{2}{3}\\0&\frac{5}{3}&-\frac{2}{3}\\-\frac{2}{3}&-\frac{2}{3}&2\end{pmatrix}$

6-23　(1) $y=2$；　(2) $\boldsymbol{P}=\begin{pmatrix}1&0&0&0\\0&1&0&0\\0&0&1&-\frac{4}{5}\\0&0&0&1\end{pmatrix}$

6-24　$a=-1$，$\boldsymbol{Q}=(\boldsymbol{\eta}_1,\boldsymbol{\eta}_2,\boldsymbol{\eta}_3)=\begin{pmatrix}\frac{1}{\sqrt6}&\frac{1}{\sqrt3}&-\frac{1}{\sqrt2}\\\frac{2}{\sqrt6}&-\frac{1}{\sqrt3}&0\\\frac{1}{\sqrt6}&\frac{1}{\sqrt3}&\frac{1}{\sqrt2}\end{pmatrix}$，$\boldsymbol{\Lambda}=\begin{pmatrix}2&&\\&-4&\\&&5\end{pmatrix}$，有

$$\boldsymbol{Q}^{-1}\boldsymbol{AQ}=\boldsymbol{Q}^{\mathrm{T}}\boldsymbol{AQ}=\boldsymbol{\Lambda}$$

6-25　(1) 当 $b=0$ 或 $n=1$ 时，$\boldsymbol{A}=\boldsymbol{E}$，$\boldsymbol{A}$ 的特征值为 $\lambda_1=\lambda_2=\cdots=\lambda_n=1$；任意非零列向量均为特征向量，对任意 n 阶可逆矩阵 $\boldsymbol{P}$，均有 $\boldsymbol{P}^{-1}\boldsymbol{AP}=\boldsymbol{E}$；

(2) 当 $b\neq 0$ 且 $n\geqslant 2$ 时,$\boldsymbol{A}$ 的特征值为 $\lambda_1=1+(n-1)b$, $\lambda_2=\cdots=\lambda_n=1-b$;
$k(1,1,\cdots,1)^{\mathrm{T}}(k\neq 0)$ 是对应于 $\lambda_1=1+(n-1)b$ 的全部特征向量.
$k_2\boldsymbol{\xi}_2+k_3\boldsymbol{\xi}_3+\cdots+k_n\boldsymbol{\xi}_n(k_2,k_3,\cdots,k_n$ 不全为零$)$ 是对应于 $\lambda_2=\cdots=\lambda_n=1-b$ 的全部特征向量;

令 $\boldsymbol{P}=(\boldsymbol{\xi}_1,\boldsymbol{\xi}_2,\cdots,\boldsymbol{\xi}_n)$,有 $\boldsymbol{P}^{-1}\boldsymbol{A}\boldsymbol{P}=\begin{pmatrix}1+(n-1)b & & & \\ & 1-b & & \\ & & \ddots & \\ & & & 1-b\end{pmatrix}$

6-26 D

6-27 B

6-28 A

6-29 B

6-30 D

6-31 2

6-32 $\lambda_1=\lambda_2=-2$, $\lambda_3=0$

6-33 (1) $x=0$, $y=-2$; (2) $\boldsymbol{P}=\begin{pmatrix}-1 & 0 & 0\\ 0 & 2 & 0\\ 0 & 0 & -2\end{pmatrix}$

6-34 (1) $a=-2$ 或 $a=-\dfrac{2}{3}$; (2) 当 $a=-2$ 时,$\boldsymbol{A}$ 可相似对角化;当 $a=-\dfrac{2}{3}$ 时,$\boldsymbol{A}$ 不可相似对角化

6-35 (1) $a=-3$, $b=0$, $\lambda=-1$; (2) $\boldsymbol{A}$ 不能相似于对角阵,理由略

6-36 (1) $x=3$, $y=-2$; (2) $\begin{pmatrix}1 & 1 & 1\\ -2 & -1 & -2\\ 0 & 0 & -4\end{pmatrix}$

6-37 略

6-38 C

6-39 C

6-40 2

6-41 2

6-42 (1) $\begin{pmatrix}1 & 1 & 0\\ 1 & 0 & -1\\ 0 & -1 & 1\end{pmatrix}$; (2) $\begin{pmatrix}1 & -1 & 0\\ -1 & 1 & 3\\ 0 & 3 & 1\end{pmatrix}$; (3) $\begin{pmatrix}1 & 2 & 1\\ 2 & 4 & 2\\ 1 & 2 & 1\end{pmatrix}$; (4) $\begin{pmatrix}1 & -1 & -2\\ -1 & 1 & -2\\ -2 & -2 & -7\end{pmatrix}$

6-43 在正交变换 $\begin{pmatrix}x_1\\ x_2\\ x_3\end{pmatrix}=\begin{bmatrix}0 & \dfrac{4}{3\sqrt{2}} & \dfrac{1}{3}\\ \dfrac{1}{\sqrt{2}} & \dfrac{1}{3\sqrt{2}} & -\dfrac{2}{3}\\ \dfrac{1}{\sqrt{2}} & -\dfrac{1}{3\sqrt{2}} & \dfrac{2}{3}\end{bmatrix}\begin{pmatrix}y_1\\ y_2\\ y_3\end{pmatrix}$ 下,二次型化为 $f=9y_3^2$,即为所求标准形

6-44 (1) $a=-1$; (2) $\boldsymbol{Q}=\begin{bmatrix}\dfrac{1}{\sqrt{2}} & \dfrac{1}{\sqrt{6}} & \dfrac{1}{\sqrt{3}}\\ -\dfrac{1}{\sqrt{2}} & \dfrac{1}{\sqrt{6}} & \dfrac{1}{\sqrt{3}}\\ 0 & \dfrac{2}{\sqrt{6}} & -\dfrac{1}{\sqrt{3}}\end{bmatrix}$, $f=2y_1^2+6y_2^2$

6-45 (1) $a=4$, $b=1$; (2) $\boldsymbol{Q}=\begin{pmatrix}-\dfrac{4}{5} & \dfrac{3}{5}\\ \dfrac{3}{5} & \dfrac{4}{5}\end{pmatrix}$

6-46 $a=2$, $\boldsymbol{P}=\begin{pmatrix} 0 & 1 & 0 \\ \frac{1}{\sqrt{2}} & 0 & \frac{1}{\sqrt{2}} \\ -\frac{1}{\sqrt{2}} & 0 & \frac{1}{\sqrt{2}} \end{pmatrix}$

6-47 (1) $a=0$; (2) $\boldsymbol{Q}=\begin{pmatrix} \frac{1}{\sqrt{2}} & 0 & \frac{1}{\sqrt{2}} \\ \frac{1}{\sqrt{2}} & 0 & -\frac{1}{\sqrt{2}} \\ 0 & 1 & 0 \end{pmatrix}$, $f(x_1, x_2, x_3)=2y_1^2+2y_2^2$;

(3) $x_1=k$, $x_2=-k$, $x_3=0$,其中,k 为任意实数

6-48 (1) $a=1$, $b=2$;

(2) 正交矩阵 $\boldsymbol{Q}=\begin{pmatrix} \frac{2}{\sqrt{5}} & 0 & \frac{1}{\sqrt{5}} \\ 0 & 1 & 0 \\ \frac{1}{\sqrt{5}} & 0 & -\frac{2}{\sqrt{5}} \end{pmatrix}$,在正交变换 $\boldsymbol{X}=\boldsymbol{QY}$ 下,有 $\boldsymbol{Q}^{\mathrm{T}}\boldsymbol{AQ}=\begin{pmatrix} 2 & 0 & 0 \\ 0 & 2 & 0 \\ 0 & 0 & -3 \end{pmatrix}$,则标准形为

$$f=2y_1^2+2y_2^2-3y_3^2$$

6-49 略

6-50 $\boldsymbol{A}=\begin{pmatrix} (k+2)^2 & & \\ & (k+2)^2 & \\ & & k^2 \end{pmatrix}$,当 $k\neq-2$ 且 $k\neq 0$ 时,$\boldsymbol{B}$ 为正定矩阵

6-51 当 $a_1a_2\cdots a_n\neq(-1)^n$ 时,二次型 $f(x_1, x_2, \cdots, x_n)$ 为正定二次型

6-52 (1) $\lambda_1=\lambda_2=-2$, $\lambda_3=0$; (2) 当 $k>2$ 时,矩阵 $\boldsymbol{A}+k\boldsymbol{E}$ 的特征值全部大于零